THE ARCHITECTURE OF THE EIGHTEENTH CENTURY

十八世纪建筑

[英] 约翰·萨默森（John Summerson） 著
殷凌云 译

浙江人民美术出版社 | **艺术世界**

图书在版编目（CIP）数据

十八世纪建筑 /（英）约翰·萨莫森著 ；殷凌云译.
-- 杭州 ：浙江人民美术出版社，2018.7
（艺术世界）
ISBN 978-7-5340-6603-0

Ⅰ. ①十… Ⅱ. ①约… ②殷… Ⅲ. ①建筑史－世界
－18世纪 Ⅳ. ①TU-091

中国版本图书馆CIP数据核字(2018)第052224号

Published by arrangement with Thames & Hudson Ltd,London,

Parts of this book first appeared as *The Architectural Setting: Royalty,Religion and the Urban Backgroud* in Alfred Coban (ed.) *The Eighteenth Century: Europe in the Age of Enlightenment* (London and New York 1969)
This edition first published in China in 2018 by Zhejiang People's Fine Arts Publishing House, Zhejiang Province

On the cover: Spiral staircase in the abbey of Melk, Austria by Jakob Prandtauer 1702-14 (detail). Photo A. F. Kersting

合同登记号
图字：11-2016-282号

十八世纪建筑

著　　者 [英] 约翰·萨默森
译　　者 殷凌云

策划编辑 李　芳
责任编辑 郭哲渊
责任校对 黄　静
责任印制 陈柏荣
出版发行 浙江人民美术出版社
制　　版 浙江新华图文制作有限公司
印　　刷 浙江海虹彩色印务有限公司
版　　次 2018年7月第1版·第1次印刷
开　　本 889mm×1270mm　1/32
印　　张 6.25
字　　数 210千字
书　　号 ISBN 978-7-5340-6603-0
定　　价 56.00元

目　录

第一章 | 巴洛克风格的统治地位与衰落

临近18世纪时，建筑的发展犹如一场连续不断的表演，却在1700年和1800年之间戛然闭幕。出于试图理解的本能，人们总会为此寻找一些总结性的概括聊以自慰，这里就出现了两种归纳：一、18世纪上半叶弥漫着巴洛克风格的精神和形式，而下半叶则属于新古典主义[Neo-classicism]的时代；二、18世纪上半叶的特色建筑类型是教堂和宫殿，而下半叶的特色建筑类型则是公共建筑物和机构大楼。第一种概括关乎风格，第二种归纳则关乎建筑类型，它们相辅相成。这两种概念（风格与类型）的有用之处恰恰在于其语义的模糊性，拨开它们的伪装，我们对之辨析得越仔细，其含义越漫漶不清。尽管如此，它们终究还留有某些有用的信息，而并非毫无意义。

所谓风格，是总会立即引人注目、激发好奇之心，并创造一种感官情绪的东西。因此，让我们先来谈谈我们对风格的概括吧。当我们言及“巴洛克风格”和“新古典主义风格”时，我们究竟在谈论什么？让我们假设这两种现代表达方式都没有准确的含义。它们唤起了对正在谈论的事物的某种情感倾向，而这颇具益处。除此之外，在我们阐述的过程中，以及在对陌生事物和熟悉事物进行比较时，意义也必定会显露出来。譬如关于巴洛克风格，对大多数人而言较为熟悉的是我们所关注的这个世纪（18世纪）之前的那个世纪（17世纪）的事物。1613年，

1. 奎琳岗圣安德烈教堂，1658年至1670年间由乔瓦尼·劳伦佐·贝尔尼尼[Gian Lorenzo Bernini]设计建造。18世纪初的建筑受到17世纪伟大的巴洛克风格创造物的启发，奎琳岗圣安德烈教堂是其中之一。椭圆形平面规划，巨大的入口门户和涡卷状线条在后来中欧的巴洛克风格中得到呼应。

2

3

4

2. 罗马奥代斯卡尔基宫，1664年开始破土动工。贝尔尼尼是意大利巴洛克风格的天才的执牛耳者，他设计的宫殿立面，壁柱整齐林立、琳琅满目、气势撼人，飞檐宽大而屋檐深邃，这是他遗留给18世纪欧洲宫殿建筑的遗产之一。

3. 四泉圣嘉禄堂，1665年至1667年间建造的立面由弗朗西斯科·博罗米尼设计。博罗米尼对经典元素有意加以扭曲，对凹凸形式尽情发挥，这些特点将会在北方的洛可可风格建筑中以蜕变的形式重新展现。

4. 都灵圣洛伦佐教堂[S. Lorenzo]的圆顶，在1668年至1687年间由瓜里诺·瓜里尼[Guarino Guarini]设计。为八角星状平面规划，独立式的[free-standing]*拱门把来源于伊斯兰的构思理念转化为巴洛克风格对光的诗意追求。

---

* 独立式:建筑工程学术语，指独立的、非附属的建筑物、雕塑等构成部件。——译者注

卡洛·马德诺[Carlo Maderno]完成了圣彼得大教堂[St. Peter's]西侧立面的建造，而贝尔尼尼于1680年仙逝。在这段时间内发生于罗马的一切，对于欧洲建筑而言至少在两代人的时间内都极其重要，虽然重要性的体现方式令人惊奇地迥异——有时在这里人们深受启发而欣然接受，在别处则受人轻视而遭到排斥。这些明显的事实与三个人的职业生涯有关——彼得罗·达·科尔托纳[Pietro da Cortona]、弗朗西斯科·博罗米尼[Francesco Borromini]（图3）和乔瓦尼·劳伦佐·贝尔尼尼本人[Gian Loernzo Bernini]（图1、2）。他们和马德诺皆为大师，后人甚至已经习惯于将他们与“巴洛克”一词等同起来。尽管他们并不可能以个人风格著称于世，但是他们共享气势磅礴的表现、永不静止的动态以及横扫千军的创意，这使他们在那个时代无可匹敌，也成为后来越过阿尔卑斯山的每一位北方人所必须面对的挑战。他们总结了昔日的一切。他们是古建筑[antiquity]的主人而非奴隶；他们是米开朗基罗[Michelangelo]的遗产受赠者；他们是布拉曼特[Bramante]所设定的场景中的最新角色。

罗马巴洛克风格的遗赠

当我们越过1700年的原点时，罗马巴洛克风格的景象一定会连续不断地浮现在我们的脑海中。在德国南部的教堂中，我们时常会联想到博罗米尼设计的平面规划形状；在宫殿中，我们通常会联想到贝尔尼尼设计的罗马式立面和他为卢浮宫所做的设计。重要的一点是，巴洛克风格大师都并未被当作学院楷模来回顾或模仿。他们是解放者，他们打破的壁垒被中欧的冒险大师们——约翰·伯恩哈特·菲舍尔·冯·埃尔拉赫[Johann Bernhard Fischer von Erlach]、丁岑霍费兄弟[the Dientzenhofers]、希尔德布兰特[Hildebrandt]、纽曼[Neumann]、阿萨姆兄弟[the Asams]和波贝曼[Pöppelmann]——进一步推倒。特别是博罗米尼，他把布拉曼特式[Bramantesque]古典主义的常规撕扯得四分五裂，继而以令人震惊的生命力重组各个部件，其独到之处是这些空间冒险的信号标志。

在18世纪建筑史中，此时完全拒绝罗马巴洛克风格与接受它实际上同样重要。一个值得注意的例子是苏格兰人科伦·坎贝尔[Colen Campbell]。1715年，他在伦敦著书立说，宣称意大利人在猎取反复无常的新奇时已经失去了所有的建筑品味，而博罗米尼则是所有人中最低劣的一位。他“以其奇异古怪和荒唐妄想之美，努力使人类堕落，建筑物的部件没有正确的比例，坚实厚重却没有真正的支撑关系，材料堆积而没有强度，装饰泛滥却并不优雅，整座建筑缺乏对称性”。

这位苏格兰人的无礼入侵，陡然地引出了我们要探讨的下一个问题——新古典主义的含义。坎贝尔在这样强行谴责罗马巴洛克风格的过错时，他称赞的正确风格又是什么呢？答案很简单。他说，建筑的根基源自古建筑，而古建筑的经典阐释者是维特鲁威[Vitruvius]；一位天才的现代阐释者帕拉第奥[Palladio]又继承维特鲁威的衣钵；在英格兰有且仅有一位建筑师——伊尼戈·琼斯[Inigo Jones]清楚这一点。因此就出现了一种三重忠诚——维特鲁威、帕拉第奥、琼斯——它体现了（至少对于英国人而言）所有的建筑真理。坎贝尔用他选定出版的作品（包括他自己的）《维特鲁威作品集》[*Vitruvius Britannicus*]支持他的基本原理。在书中他丝毫没有论证它的优点——只是陈述，甚至相当天真地陈述了一种观点，他相信这种观点在1715年的英格兰会被人接受。事实的确如此。

当然，假设坎贝尔的观点是新古典主义思想的准确反映，或者认为这样的观点起源于英国，那都是错误的。在坎贝尔看来，属于新古典主义内涵的东西是什么呢？他理解的这种东西是他的信念，这一点颇为重要，

5

6

法国17世纪的三栋建筑，对比意大利巴洛克风格的大胆创新，它们代表了合乎理性的古典主义风格。

5. 佩罗设计的卢浮宫东侧前部，1667年开始破土动工。

6. 由儒勒·哈杜安·孟萨尔设计的荣军院教堂[Church of the Invalides]，于1680至1691年间建造。

7. 凡尔赛宫，建有巨大的翼楼，由儒勒·哈杜安-孟萨尔在18世纪末扩建。

正如他所说，“通过理性的力量真正判断事物的优点”。对于坎贝尔而言，古建筑是理性的，如果它的合理性没有得到尊重，那么它的复兴就是一种滥用。这种观点并不时新。极其严格地接受古建筑，以此去体现关于建筑的所有基本智慧，这已经在法国得到认可，且长久以来法国知识界对此辩论不休——至少自1672年路易十四的皇家科学院[Louis XIV's Académie Royale d'Architecture]建立以来。在此，有关“古建筑”与“现代建筑”之间的争议曾牵扯到法兰西学院的负责人弗朗索瓦·布隆德尔[François Blondel]，以及据信设计卢浮宫东侧前部建筑的主建筑师克劳德·佩罗[Claude Perrault]（图5）。一方面是佩罗对维特鲁威的笺注版，另一方面是布隆德尔的《建筑学》[*Cours d'Architecture*]，这些文献既引发了持续不断的辩论，也导致了观念的快速繁殖。这种观念就是，在培育古典建筑时需要做出重要的区分，这种区分大约介于理性克制地仿古和严格照搬地采用古建筑之间——此处的“理性仿古”暗示着古建筑源于实际建造需求的观念，因而可以进一步改进；“严格照搬”意味着以不可

7

更改的绝对方式接受古代的建筑形式。当然，这两种思想流派都没有万无一失地真正战胜过对方；重要的是，这些争论长盛不衰并得以传承。新古典主义的根源是智慧性的，它们在探询质疑之中成长壮大。随着我们步入18世纪，我们将发现这些问题正在得到解答，主要在它们最早被提出的国度——法国——得到了解答。

在18世纪的建筑中，法国所发挥的作用没有人们有时认为的那么明显。毫无疑问，巴黎享受了整个世纪的巨大权威，但是这在很大程度上依靠路易十四的统治下科尔伯特[Colbert]取得的空前胜利的势头。弗朗索瓦·孟萨尔[François Mansart]和勒沃[Le Vau]的建筑作品——卢浮宫[the Louvre]、凡尔赛宫[Versailles]（图7）、马尔利宫[Marly]、马萨林学院[the Collège Mazarin]、荣军院[the Invalides]（图6）、胜利广场[the Place des Victoires]和旺多姆广场[the Place Vendôme]——赋予巴黎在欧洲享有绝对的建筑优先权。——但是，所有这一切荣耀都属于17世纪，尽管进入18世纪后又持续了一些年头。最后阶段的建筑执牛耳者——儒勒·哈杜安-孟萨尔[Jules Hardouin - Mansart]——于1708年仙逝。在随后长达三四十年的时间内，法式建筑总体上几乎止步不前。法兰西学院和皇家作品都掌控在孟萨尔的学生或曾在他手下效力的人的手中。罗伯特·德·柯特[Robert de Cotte]作为首席建筑师[*premier architect*]是他的直接后继者，日耳曼·博夫朗[Germain Boffrand]是另一位最具影响力的人物。这些人物体现并保持了一种传统——这种传统也许最好称为法国古典主义[French Classicism]，它的根源在于德·布罗斯[de Brosse]、老孟萨尔和勒沃。他们有时富有原创性，并极具说服力。

他们的作品有时确实很近似巴洛克风格，但是又从未真正成为巴洛克风格。他们忠诚于他们的先人，对这种忠诚的检验就是正确的味道[*le bon goût*]。“正确的味道”关乎常识与敏锐的感性相结合这一问题，反对单纯地追逐时尚，（如博夫朗的老生常谈所说）尽可能深远地从优秀向着卓越进发。

这种态度中保留了“盛世”[grand siècle]及其所有成就的权威，但很少遗存其勃勃雄心和创造力，对于这一点他们确实机会寥寥。然而，重要的是，权威已然存在；法国古典主义仍然保持着长盛不衰的鲜活生命力，在整个欧洲都受人尊重，并常常成为人们参考效仿的对象。只有在完全痴迷于维特鲁威—帕拉第奥—琼斯这个“反应式”的英国，这种权威性才会被人所忽略。

洛可可风格与理性主义

尽管我们曾经说过，在路易十四驾崩之后的几十年间法式建筑很少有所进步，但是我们现在必须说，它朝着一个特定的方向颇为轻快地前进。这就是在洛可可风格的发明中。相当明显的是，开始时这种风格是路易十四室内装饰的怪异形式，由此发展起来。它十分空洞，被赋予了古阿拉伯式花饰[arabesques]的空乏品质。古老风格的沉重涡卷变成了扭曲似蛇的S形曲线；笨重的镶板融入脆弱的“细木护壁板”[*boiseries*]之中。随后，一个变化幅度更大的时期接踵而至。哈杜安-孟萨尔有一位才华横溢的年轻学徒名为吉尔·玛丽·奥佩诺德[Gilles Marie Oppenordt]，1692年他被送往罗马[Rome]的法兰西学院[the French Academy]学习。在那里，他没有集中精力研习古代风格，而是养成了博罗米尼的异类怪癖格调，然后他怀着制作装潢方案的装饰配件的奇异绝技，返回巴黎。这些装饰配件充满活力，结果框架都变成了多余之物。一旦开辟了这种装饰的可能性，其发展就永无止境了——至少直到这一世纪中叶，新古典主义浪潮不断高涨时，它的发展趋势才结束，这时有人嘲笑这种风格过时淘汰了。一时之间，在法国，它甚至被诸如德·柯特和博夫朗这样的人士所接受（仅仅是内饰和花园式建筑）；继奥佩诺德之后的典型伟人是朱斯特·奥勒留·米修纳[Juste Aurèle Meissonnier]和居维利埃。居维利埃将这种风格带到了慕尼黑[Munich]，在那里它蓬勃发展并形成了一个流派，它迥异于在巴黎为人所接受的风格，颇为辉煌壮观，光芒耀眼。在欧洲，每一个王朝都有其洛可可风格盛行期。甚至英格兰也不完全免于俗套；在爱尔兰有一些漂亮的洛可可式建筑。

然而，在这个世纪初期的法国，除了法国古典主义的宏伟建筑方式之外，除了洛可可风格的发明之外，还有其他事物正在悄然进行之中，尽管这在当时几乎无人注意到，但是对于未来它更加重要。这是一种新兴的哲学激进主义，它出现在关于合理的建筑构成成分的理论辩论中。完全激进的明确声音首先来自科迪默修道院院长[the Abbé de Cordemoy]。他在1706年出版了他的《新建筑十书》[*Nouveau Traité de toute l'Architecture*]。在这本著作中，他提出了一套革命性的体系。他废黜一整套文艺复兴风格的传统形式：把建筑物立面塑造为建筑的象征（例如壁柱[pilasters]、半立柱[half-columns]、假的三角楣饰[false pediments]），由此表达建筑；更重要的是，拱门也被弃用。科迪默认为建筑要回归他设想的属于希腊模式的形式和希腊式规范。这就是支柱—门楣式[column-and-lintel]建筑，所有的元素都要严格精细衔接，很少有或根本没有建筑装饰。

在仍然属于儒勒·哈杜安-孟萨尔的时代推行这种哲学，我们不能期望它对实际的建筑产生非常立竿见影的即效影响。然而，科迪默提出了意义深远的挑战。在某种意义上，它就是类似洛可可风格的一种挑战——却是相反的那种挑战。洛可可风格提供了一种直接的视觉逃避，从传统转到线性浪漫的自由世界；而且洛可可风格被允许在沙龙和美术馆中兴高采烈且安然无恙地漫游。科迪默的理论绝不提供任何逃避的方式，它饱含对学术规范和正确的味道[*le bon goût*]的整套传统的破坏性。

科迪默的文章导致的最终结果是，在18世纪中叶，另一位法国教士劳吉埃修道院院长[the Abbé Laugier]掀起了一场观点的大鸣大放，他的著作《建筑论文集》[*Essai sur l'Architecture*]（图8）广泛借鉴科迪默的观点，此书于1753年一经出版便立刻流行起来，它被译成英文和德文，并且成为不同发展主线的教科书，我们现在把这些发展形式都归纳在新古典主义的标题下。正如我们将看到的，新古典主义涉及的理论远不止教科书中所包含的这些。它一方面涉及考古调查，另一方面涉及富有想象力的创造表达；它涉及英国帕拉第奥派的清教主义与皮拉内西派[Piranesi]令人眼花缭乱的浪漫主义。但是，这一切的中心还是科迪默　劳吉埃的建筑论文，它们是一个完全合理的体系——似小木屋一样具有证据确凿的功能性，因为有人设想原始人是为了使自己保持干燥才修建小木屋。1706年，科迪默把这种思想萌芽释放到文艺复兴风格—巴洛克风格的世界，它随即自行繁殖，并孵化为一种力量，在那一世界的覆灭中得以幸存。从长远来看，它重新以一种新的方式指引着建筑的发展，这种方法使19世纪躁动不安的建筑革命不可避免地爆发，也使我们有可能得出关于20世纪建筑的结论。

8. 劳吉埃修道院院长关于建筑起源的概念，展现在他1753年出版的《建筑论文集》扉页上："通过装配树干和树枝形成原始的小木屋"。这一假设与维特鲁威一样古老，但是劳吉埃用它来映射他的理论，圆柱应该宣告其功能，壁柱和所有的"浮雕建筑"都是不合理的废话。

8

第二章｜专制主义的建筑

让我们尽可能简洁地解释所有这一切。我们已经看到：17世纪把巴洛克风格遗赠给18世纪；然而，随后巴洛克风格受到了内外夹击，先是遭受了一种理性的激进理论的外围攻击，而后又因其自身的本质基因突变而从内部受到侵蚀。现在，让我们谈谈在这些过程中人们认为发挥了作用的一些建筑物。首先，我们谈谈宫殿。

三座皇宫：维也纳、斯德哥尔摩和柏林

1700年，在维也纳、斯德哥尔摩和柏林，三座宏伟壮观的皇宫正在建造之中。如果我们纵观一下这背后的动机，并考虑建筑的结果，我们就会明白18世纪宫殿建筑的某些性质。我们先以维也纳为例。在皇帝利奥波德一世[the Emperor Leopold I]的统治下，维也纳城最终消除了奥斯曼的威胁。1683年经过维也纳救赎[the Relief of Vienna]之后，一种乐观精神和民族意识正在激增，这立刻体现在建筑活动中。对于建设者而言，两个宏伟的参照标准是巴黎和罗马。到1691年，一位维也纳作家吹嘘，他们的城市超过了第一座（巴黎），至少与第二座（罗马）旗鼓相当。1695年，皇宫美泉宫[Schönbrunn]破土动工（图10、11）。它坐落在维也纳市外——一座维也纳的凡尔赛宫——其明确的意图是渴望用一个如凡尔赛宫一样令人瞩目的象征体现帝国的尊严；它的建

9. 那不勒斯附近的卡塞塔皇宫的楼梯间，由路易·吉万维泰利设计，在1751年至1774年间建造（至于平面规划见图32）。楼梯间采用巴洛克风格，形成了别具一格的自身特色，为了纯粹展示建筑的缘故而耗费了奢侈的空间量。

◀9

10、11. 美泉宫，这座维也纳凡尔赛宫于1695年破土动工。它提高了利奥波德皇帝的身价，使之堪与路易十四相媲美。他的建筑师约翰·伯恩哈特·菲舍尔·冯·埃尔拉赫转向贝尔尼尼寻求灵感。在1759年贝洛托[Bellotto]所绘制的这幅画中，可以看到花园的前面，但是它在1744年至1749年间被改变了，而长长的壁柱，这一壮观的景象是菲舍尔的设计。背景是维也纳城，右边是菲舍尔的帝国查理教堂（图**34、35**）。1721年，菲舍尔曾发行了一系列版画《历史建筑精选图录》来阐释世界建筑史，虽然他的目的是“激发艺术家的灵感而不是向学者传授知识”。尼禄的罗马黄金屋（右）的观点接近美泉宫，假如他最初的计划已经实现，那么就会更加接近了。

10

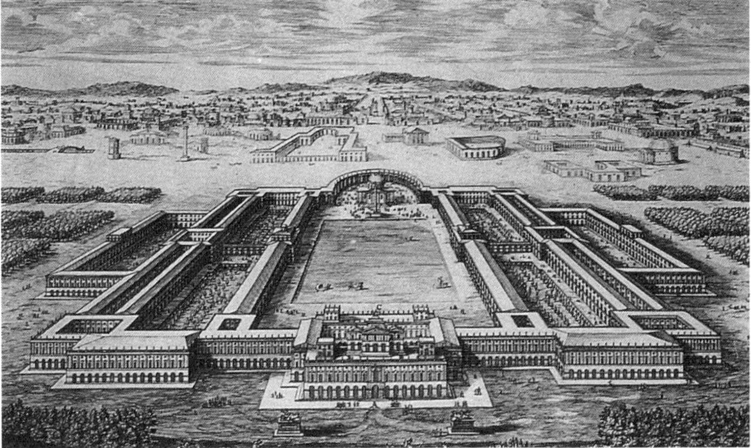

11

12

13

筑师是J.B.菲舍尔·冯·埃尔拉赫，他是一位石雕家[mason-sculptor]之子，他本人早先也是雕塑家，曾经在意大利度过了12年的时光。在接近人生暮年时，他出版了一部非凡的著作《历史建筑精选图录》[*the Entwurf einer historischen Architektur*]（1721年），书中提供了关于他的建筑理念以及工作氛围的一条线索。这是一部世界建筑图画史，其中除了包含世界七大建筑奇迹之外，还包含各种意想不到的建筑物，比如巨石阵[Stonehenge]、君士坦丁堡[Constantinople]的圣索菲亚教堂[Santa Sophia]和北京城。除此之外，书中还补充了菲舍尔自己设计的建筑作品的精彩版画。显然这部著作就是出自这样自傲的人士之手，在著作中他把自己看作他的时代所有建筑师中的巅峰者。

12、13. 柏林的皇宫，1698年由安德烈亚斯·施吕特尔为普鲁士国王腓特烈一世动工建造，它耸立在新国王的新首都的心脏地带。一边（上图），其窗户单调的线条仅仅被圆柱的开间打破，朝向礼仪广场。入口（左图），后来被加盖了一个圆顶，面河而立。

美泉宫在许多方面都与凡尔赛宫遥相呼应，在其规划中，在其巨大的画廊中，以及同样在壁柱的排列盛况中。这些壁柱耸立在花园前面，琳琅满目，蜿蜒绵长（但似乎并不十分令人厌恶）。美泉宫似乎也与菲舍尔的观点遥相呼应，正如他在书中向我们展示的那样，它的面貌看上去恰似古代尼禄的黄金屋[Golden House]。换言之，有人可能会说，美泉宫在政治角度与凡尔赛宫相关，在浪漫的角度则与罗马帝国相连。

罗马与巴黎、巴黎与罗马——这些都是建筑师的想象力凝聚的焦点——罗马意味着古罗马早期诸位帝王[the Caesars]，但是相对而言，罗马更常常意味着贝尔尼尼。我们在斯德哥尔摩看到了这一点。1693年，瑞典王查理十一[Charles XI of Sweden]被明确承认为最高掌权者，他的战功数不胜数，赫赫有名，堪比路易十四。对他做出这种类比，并非意味着他是昏庸的。而且，查理十一还曾经削减了瑞典贵族的权力（一如路易十四在法国削减法国贵族的特权一样）；他的专制主义是强制实施其有力的代表性措施的权宜之计。他文化修养不高，但是他拥有一位卓越的建筑师——尼哥底母·提契诺二世[Nicodemus Tessin II]。提契诺是前任宫廷建筑师之子，后来提契诺在罗马师从贝尔尼尼学习，并在1687年访问了巴黎。他很快就被委派在斯德哥尔摩重新规划老皇家城堡[the old Royal Castle]。但是，在1696年，这座城堡被焚毁。同一年，查理十一驾崩，在查理十二[Charles XII]在位的头三年的宁静岁月里，一座新王宫开始动工兴建（图14）。作为一座城市宫殿，其范版是卢浮宫：斯德哥尔摩宫殿的规模是卢浮宫的三分之二左右。然而，它的外部结构不是法式风格，而是比中欧的任何一座宫殿都更忠实于它的起源的那种罗马巴洛克风格。其立面，浓笔效仿了贝尔尼尼的奥代斯卡尔基宫[Palazzo Odescalchi]和拉巴柯[Labacco]的夏拉宫[Sciarra Palace]。其内部装潢因查理十二的战争而推迟修建，但是它们大多采用法式风格。提契诺引进法式装饰和法国工匠，他在1728年去世

14

之后，他的儿子继续采用法国建筑方式。但是，它的风格演变成对罗马巴洛克遗迹的缅怀，稍显过时，与周围环境格格不入。那座皇宫如奎里纳尔宫[the Quirinal Palace]一样规模庞大而平淡无奇，却占据了斯德哥尔摩市的主导地位。

柏林很可能要感激斯德哥尔摩王宫。在柏林，建造宫殿的动机是出于勃兰登堡选帝侯[the Elector of Brandenburg]腓特烈三世[Frederick III]企图获取王者风范的野心。作为普鲁士国王的腓特烈一世[Frederick I]曾经同样采取了这种做法，腓特烈三世在1701年依法而行。建造一座卢浮宫是一个令人称心如意的初步工程。为此，他雇用了天才雕塑家-建筑师安德烈亚斯·施吕特尔[Andreas Schlüter]，这位建筑师在华沙的起源发迹和早期生活鲜为人知。计划建造一座巨大的矩形建筑，它由

14. 斯德哥尔摩皇宫在1697年由瑞典国王查理十世动工建造，由尼哥底母·提契诺担任他的建筑师。提契诺在罗马师从贝尔尼尼工作，而在这里罗马巴洛克风格是他的范本，与对卢浮宫的回忆相结合。

两座宫殿组成，尽管不如卢浮宫宽大却更长（但确实和斯德哥尔摩一样宽）（图12、13）。施吕特尔仅仅成功地建造了一座宫院，后来又修建了一座塔，但他过分野心勃勃，结果塔未竟而倒塌，因此他遭到解雇。柏林宫殿踪迹不再；出于政治原因它在1945年被故意毁坏（修建它的个中原因将在另一种背景中讨论）。

把这三座宫殿——维也纳宫殿、斯德哥尔摩宫殿和柏林宫殿——与一座从未被建成的宫殿比较是有所获益的。1698年，伦敦旧白厅宫[the old Palace of Whitehall]（犹如前一年斯德哥尔摩的旧城堡）毁于大火。随即，国王的钦差调查员克里斯托弗·雷恩爵士[Sir Christopher Wren]准备了建造一座新宫殿的计划，它覆盖整个建筑场地，把幸存的建筑即伊尼戈·琼斯设计的国宴厅也并为一体。这座宫殿从未建造，这并不奇怪：英国的专制主义已然消亡了。但是这些平面规划依然是具有非凡创意的一项工程——我们可以肯定，比起菲舍尔、提契诺或施吕特尔，它们的技巧是不够娴熟，但是它们戏剧性的精心构思是奇妙的表现。正如在斯德哥尔摩以及某种程度上在柏林一样，乔瓦尼·劳伦佐·贝尔尼尼的影响辉映四方。

德国宫廷

这三座皇宫——或者算上白厅宫是四座——在世纪之交引出了一个宫殿建设的时代，它持续了50年之久。为它们提供基本概念的总是

15、16. 维也纳的上宫在1721年至1722年间为尤金王子建造，由菲舍尔·冯·埃尔拉赫的接班人约翰·卢卡斯·冯·希尔德布兰特担任建筑师。它轮廓[silhouette]破碎，核心建筑颇具俏皮之气，建有圆顶凉亭，凭借这些，它已经期待着洛可可风格的来临。在入口的门厅处，怪诞的“亚特兰蒂斯塑像[atlantides]”支撑着拱顶，它们引进了在德国各地的巴洛克风格中复发的幻想元素。

15

16

17

巴黎和罗马（的确，有时是建筑师），但是在讲德语的地区涌现出一些杰出的天才人物，他们把巴洛克风格的理念推向新的原创之路。他们当中有三人在几年之内相继诞生人世。威斯特伐利亚人[Westphalian]马达伊斯·丹尼尔·波贝曼[Mathaeus Daniel Pöppelmann]出生于1662年，他来到了德累斯顿[Dresden]。维也纳的约翰·卢卡斯·冯·希尔德布兰特[Johann Lukas von Hildebrandt]出生于1663年，约翰·丁岑霍费[Johann Dientzenhofer]也出生于1663年，生于布拉格一个建筑师世家，他们来到了巴伐利亚和弗兰肯尼亚[Franconia]。如果我们试图在中欧之外寻找，那么在意大利我们一个人也没有发现，在法国只有日耳曼·博夫朗生于1667年，而他几乎完全与孟萨尔传统一体化；但是，如果我们把网尽可能广泛地撒遍欧洲至英格兰，那么就找到了约翰·范布勒爵士[Sir John Vanbrugh]，他出生于1664年；以及他的合作者尼古

17. 在贝洛托的一幅18世纪绘画中再现的德累斯顿的茨温格宫。茨温格宫位于皇宫旁边，是举行赛事和宫廷庆典的开放空间。它的建筑师是马达伊斯·丹尼尔·波贝曼，但是结果同样极多地采用了巴尔塔萨·珀莫瑟的雕塑。

拉斯·霍克斯莫尔[Nicholas Hawksmoor]，他出生于1661年。在精神上，甚至有时在形式上，他们分别各自接近其在德国和奥地利的同时代人。

在这些名字中，希尔德布兰特的名字首先成为头号重要人物。他是一位新型建筑师。他是热那亚军队[the Genoese army]中的德国裔上尉之子，他没有手工艺背景，却在罗马成了卡罗·丰塔纳[Carlo Fontana]的学生，研究军事工程。他的伟大作品是在1721年至1722年间为尤金王子[Prince Eugene]建造的上宫[the Upper Belvedere]（图15、16）。在许多事情上希尔德布兰特都效仿菲舍尔，但是没有他的历史浪漫情怀。他是非常适应当时的时代背景的设计师，很少遵循传统的常规；他才华横溢，尽情发挥了他在热那亚和都灵见到的巴洛克风格和矫饰主义[Mannerist]的装饰手法，因而成功地取得了他的建筑效果。然后，希尔德布兰特的巴洛克风格迅速融入洛可可风格之中。他用实物作装饰，奥佩诺德的法国洛可可风格的装饰配件正是采用了这样的做法。上宫的楼梯没有柱子。楼下客厅的柱墩是蹲伏的巨人雕像；楼梯上方的拱顶[vault]本身从人类躯干模型[human torsos]的“部位”开始上升；结构的线条游移开来，成为石膏浮雕装饰的自由随意发挥。它的外观必然更加刚硬，但是每一部分的造型都十分美艳，这驱除了常规习俗的刻板僵化。希尔德布兰特发明了奥地利巴洛克-洛可可式的平衡形式，在上宫这种形式看起来已经完全成熟了。

希尔德布兰特的作品很容易把我们引向波贝曼的作品，引向他在德累斯顿的茨温格宫[Zwinger]的梦幻表现（图17）。1694年，强壮者奥古斯都大帝[Augustus the Strong]通过选举登上了萨克森[Saxony]的王位。之后不久，他的宫殿设计规划很快就完成，他以此向斯德哥尔摩和柏林发出挑战。但是战争把这项工程推迟到1709年动工。到那时，波贝曼接管了这项工程。1710年他被委派前往维也纳和罗马进行一

18

19

次研究之旅，这时茨温格宫正在兴建之中；王冠门[the Kronentor]于1713年建成，城墙亭[the Wall–pavilion]在1716年开始动工。茨温格宫只是宫殿的子宫殿部分，它的唯一目的无非是作为有“大看台”的比赛剧院（城墙亭）和礼仪通道（王冠门）。然而，也许自中世纪以来，在欧洲没有任何一座建筑物把建筑和雕塑如此直接地相互结合。这里的建筑线条都非常刚硬，圆柱合乎比例，没有严重变形；但是建筑整体被灵巧地分解，这样就令人满意地体现了雕塑的流畅性。这些雕塑是巴尔塔萨·珀莫瑟[Balthasar Permoser]之作，但是从整体效果来看，很难辨

18、19. 1711年至1718年间由约翰·丁岑霍费设计建造的波梅尔斯费尔登宫，为美因茨的选民大主教建造，它建有由希尔德布兰特设计的一个楼梯间（右图）。这一楼梯间是位于房子中心位置的一个连拱式“笼子”。

20、21. 由约翰·范布勒爵士设计的两座英国宫殿—布伦海姆宫和霍华德城堡（左图）。像波梅尔斯费尔登宫一样，布伦海姆宫采用了巨型科林斯柱式，但是以地基为基础，并支撑着一堵正统的三角墙。在霍华德城堡（右图）的楼梯间[stairhall]，像在波梅尔斯费尔登宫一样，也是一个石“笼子”，但是楼梯上升到外面，不是在“笼子”里面。

20

21

别出建筑师停工、雕塑家开工的准确交接点。虽然1944年茨温格宫几乎被炸弹摧毁，但是它已经被成功地重建了。

如果我们思考一下强壮者奥古斯都大帝的近乎可笑的王朝美梦，他不满足于统治萨克森，让自己当选为波兰国王，在1733年去世之前他的宝座失而复得，那么依据茨温格宫的情况，他打造这种类型的建筑的动机就昭然若揭了。具有这种性格的主顾要求浅薄，不外乎追求即时的盛世景况，最大程度的辉煌景致就是他们想要获取的一切。建筑是权力游戏的一部分，对于像奥古斯都大帝这样具有狂人般能量的专制统治者而言，这是唯一值得一搏的游戏。

在宫殿建筑时代的每一时刻，我们都会遇到渴求奢华建筑的狂热之情。譬如，我们在班贝格[Bamberg]附近的波梅尔斯费尔登宫[Pommersfelden]就遇见了这种情形（图18、19），在那里美因茨的选民大主教[the Elector-Archbishop of Mainz]——毕竟他不是一位非常自傲的王子——自己供认迷恋建筑：“建筑是耗资巨大的狂热之举，但是每一个傻瓜都喜欢自己的帽子。”波梅尔斯费尔登宫由约翰·丁岑霍

22

23

费设计，但是不乏希尔德布兰特的帮助，他负责设计楼梯。它在1711年至1718年间建成。

正是在这样的府邸里——不是最宏大的皇家规模——人们才被引而思考德国巴洛克风格与约翰·范布勒爵士的两栋最伟大的屋宇之间的关系——霍华德城堡[Castle Howard]（1699年破土动工）和布伦海姆宫[Blenheim Palace]（1705年破土动工）。它们之间毫无派生关系之说，但是存在同样的占据空间的进取心（图20、21）。让我们把

22、23. 维尔茨堡主教宫，也许是所有德国宫殿中最为壮观的一座。由巴尔塔萨·纽曼在1719年破土动工，它把欧洲一些最优秀的人才聚集起来。楼梯间的天花板（右图）被吉安巴蒂斯塔·提埃波罗[Gianbattista Tiepolo]于1737年用绘画装饰，他还装饰了皇帝大厅[Kaisersaal]。

24、25. 洛可可风格是一种建筑装饰风格，富有如此增量式的活力，它往往以它装饰的建筑来识别。它别具一格，具有起伏的运动感、抗衡性曲线，使用“岩石、贝壳装饰风格[rocaille]”装饰，令人联想起珊瑚和海贝壳—整体上呈现为光怪陆离、光彩照人的物质。这两个例子都是由弗朗索瓦·居维利埃设计建造的：阿玛琳堡凉亭[Amalienburg Pavilion]和慕尼黑王宫的豪厅[Reichenzimmer]。

这两者对比一下，丁岑霍费采用宏伟高大的科林斯式圆柱[Corinthian columns]，它们向上伸展成为三角楣饰，并打破它；范布勒在布伦海姆的科林斯式双立柱[pier]穿透三角楣饰，甚至更加猛烈地冲破大厅的三角楣饰。让我们再比较一下楼梯间，波梅尔斯费尔登宫楼梯间被构思为一个独立的笼状物，和霍华德城堡大厅一样；虽然一个楼梯间包括了楼梯，而另一个在每边都穿透了楼梯间。人们必须假设，年龄相仿的建筑师（的确一如范布勒、丁岑霍费以及希尔德布兰特这样）在特定情况下各凭直觉寻求类似的突发奇想、灵光闪现的理念——即使他们分居欧洲相反的两端，遥相观望这种情形。

有一位建筑师比我们一直在思考的建筑师年轻二十多岁——巴尔塔萨·纽曼[Balthasar Neumann]，当我们谈到他的作品时，像德国建筑师所理解的那样，最尖锐的巴洛克风格形式的整体问题脱颖而出。巴尔塔萨·纽曼出生于1687年，像希尔德布兰特（对于这个问题，和

24

25

范布勒）一样，纽曼曾经有过从军经历，后来才被接纳为新当选的维尔茨堡王子主教[Prince-Bishop of Würzburg]效劳。他正好是施波恩人[Schönborn]，波梅尔斯费尔登宫的建设者们都属于同一家族，人数庞大惊人且人才辈出，纽曼也是其中的一员。主教对建筑怀有同样的澎湃激情，1719年开始建造维尔茨堡宏伟的主教宫[Residenz]（图22）。纽曼是他的工程执行者，但是设计却采用了多种手法，特别是在巴黎的伟大的博夫朗和在维也纳的希尔德布兰特的那些手法。凡尔赛宫、美泉宫和上宫无一不在这一建筑中有所体现，这是所有德国宫殿中最雄伟、最具造诣的一座。纽曼自己的天赋在楼梯间表现得尤其显著，它从低矮的拱形大厅的一节楼梯袅袅上升，大厅灯光幽暗；然后在两节较窄的楼梯中回旋，从一座大厅中浮现出来，大厅的上空飘浮着提埃波罗[Tiepolo]创作的一幅巨大辽阔且令人难以置信的辉煌画作（图23）。

纽曼的教堂属于后面章节将要讨论的内容。继他之后，德国巴洛克风格的成就——音乐界的巴赫[Bach]和亨德尔[Handel]在建筑界的对应者——很难进一步提升。尽管如此，还存在巴洛克风格的日益繁茂的分支问题——洛可可风格。它在巴伐利亚蓬勃发展，这得益于选帝侯马克斯·艾曼纽[the Elector Max Emanuel]在法国侏儒弗朗索瓦·德·居维利埃[François de Cuvilliès]身上发现的建筑天赋，他出生于1695年。艾曼纽曾让他在巴黎接受训练，然后任命他担任他的慕尼黑宫廷的联合建筑师[joint architect]。在德国，第一批纯粹的洛可可风格作品有别于希尔德布兰特的巴洛克-洛可可风格，它们是慕尼黑王宫[the Munich Residenz]中的齐默宫[the Reichen Zimmer]（1730—1737年）。再其次是夏季凉亭[summer pavilion]，它以宁芬堡[Nymphenburg]公园的阿玛琳堡广场[the Amalienburg]闻名于世。在这里，居维利埃把洛可可风格的装饰带入了一种自然主义，这在法国从未取得过；人工培育的洛可可风格主题仿佛已经开始自发地成长（图

24、25）。最优秀的德国洛可可风格的样板就在这里，也在慕尼黑王宫剧院[the Munich Residenz-theater]（见第121页）。通过他的同事和模仿者，通过居维利埃自己的版画，这种风格传遍了整个德国境内乃至远播域外。

专制主义的多样性

普鲁士王腓特烈二世[Frederick II of Prussia]既是凭政治力量闻名遐迩的君主，也是军事天才和艺术赞助人。1740年，他继承王位登上了德国国王的宝座。他曾经反抗他父亲的宫廷庸俗主义[philistinism]，

26

26. 伟人腓特烈大帝的宫殿波茨坦夏宫无忧宫，结合了源自法式和德式的多种源泉的建议（譬如女像柱[caryatids]支撑柱上楣构[entablature]，令人联想到茨温格宫）。建筑师是乔治·冯·克诺伯斯多夫，建造时间是1740年。

28

27

27、28、29. 自中世纪以来，俄国就不断依赖外国建筑师，彼得大帝[Peter the Great]野心勃勃，企图使他的帝国实现现代化，因而这种依赖变得更加强烈。左下图：彼得霍夫宫由法国人让-巴蒂斯特·勒布隆建造于1716年至1717年间。彼得的女儿伊丽莎白[Elizabeth]转向意大利巴托洛梅奥·拉斯特雷利，他建造了沙皇别墅（图27）和圣彼得堡的冬宫（图29），部分改造了彼得霍夫宫，这些工程都在18世纪40年代和50年代完成。这些俄罗斯巴洛克风格宫殿立面很长，处理手法高超，外部使用鲜亮绚丽的装饰色彩，这些特点颇为显著，这是中欧和南欧曾经相对忽视的一种资源。

29

委任贵族乔治·温兹斯劳斯·范·克诺伯斯多夫[Georg Wenzeslaus von Knobelsdorff]担任他的建筑师。在这座建筑上，国王和他的建筑师密切合作，腓特烈二世实际上绘制了平面规划草图，克诺伯斯多夫凭借他自己相当卓越的才华阐释国王的草图。他曾到过罗马；此外，他高度精通装饰艺术，在他扩建的夏洛特堡[Charlottenburg]的翼楼中，他创造了卓有成效的洛可可风格，这是他为国王修建的第一件作品。他的下一件作品是1741年建造的柏林歌剧院[the Berlin Opera-House]，这是一座把出乎意料的外来影响带入巴洛克风格现场的建筑物——英国帕拉第奥主义[English Palladianism]。克诺伯斯多夫去世多年以后，当腓特烈二世建造波茨坦[Potsdam]的新宫[the Neues Palais]时，他再次望向英格兰——新宫成为霍华德城堡的一个相当可悲的衍生物。与此同时，波茨坦的王城宫[the Stadtschloss]表明了效仿佩罗的卢浮宫的倾向；而波茨坦国王的非常个人化的夏宫无忧宫[Sans Souci]，于1745年至1747年间建造，在这座建筑上立刻见到了数种建筑方法（图26）。入口庭院建有科林斯式柱廊[colonnades]，这表明了克诺伯斯多夫倾向于采用更纯粹的古典主义风格；花园前面建有圆顶凸出的中心，它非常明显属于巴黎式的衍生品，“胸像柱[terms]”支撑柱上楣构，虽然它们处于极端洛可可风格的动态中，但是这可能都来自德累斯顿的茨温格宫；无忧宫的内饰也同样混搭，穹顶下有克诺伯斯多夫肃穆的科林斯式柱廊，但是音乐厅却按照约翰·迈克尔·赫本豪特[Johann Michael Hoppenhaupt]完美的洛可可风格建造而成。波茨坦宫风格的多样性极其明显地暴露出40年代的不宁静——在所有国家开始被感觉到的一种不宁静，这只能在下一个十年通过对理论基础的新生兴趣才得以解决。

宫殿建设很显然是欧洲断代史的一部分，情况是这样的，王朝问题已经得到完善解决的国家都没有建造宫殿。布莱尼姆宫情况反常，女王建造它是为了向民族英雄献礼，而她本人未曾为自己建造任何宫殿。这一发生于英国的事实证明了前句所述的真实性。在法国，继路易十四之后，宫殿建筑是一个毫无意义的命题，法国建筑累积的天才在其他地方寻求释放的渠道。外国宫廷求贤若渴，对德·柯特和博夫朗需求不断。正如我们所看到的，博夫朗参加了维尔茨堡宫的建造，他的主要作品是为洛林公爵[Duke of Lorraine]利奥波德[Leopold]在南锡[Nancy]和吕内维尔[Lunéville]建造的宫殿，还有为同一位公爵建造的名为拉马尔格朗格宫[La Malgrange]的乡间别墅。最后两座建筑从未完工；他

30. 斯杜皮尼吉狩猎行宫于1714年至1733年建于都灵的首都皮埃蒙特城外，是作为狩猎的小屋[hunting-lodge]，但它的辉煌掩盖了这样一个不起眼的目的。菲利普·尤瓦拉的规划从星形中央大厅辐射开来，其建筑融入了规模奢华的描绘神话的画面之中。

30

31

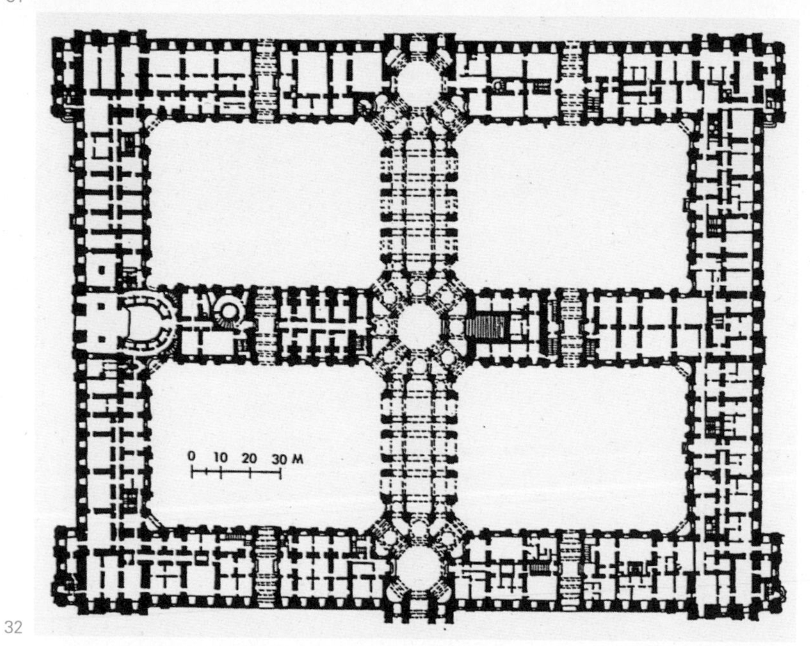

32

31、32. 那不勒斯附近的卡塞塔皇宫建于1751年至1774年间，是欧洲最大的宫殿之一，设计的主旨在于让那不勒斯的波旁王朝享有与那些法国君王相同的威望。它的建筑师路易·吉万维泰利，在其长长的立面外观中没有回避单调，但是这一平面规划把合理性与一些壮观的定位部件相结合。图9显示的楼梯间靠近右侧中心。

开始为巴伐利亚的选帝侯马克思·伊曼纽尔在布鲁塞尔[Brussels]附近修建的宫殿也从未完工。

在俄罗斯[Russia]，在彼得大帝一世[Peter I]和他的继任者的统治下，移民出身的建筑师崭露头角的机会是相当大的。彼得吸纳到他的圣彼得堡新首都的第一位名人是施吕特尔，他在柏林修建的塔倒塌后渴望就业机会。然而，不久施吕特尔就亡故了，彼得大帝一世与著名的法国人勒布隆[Leblond]之间进展也不太顺利，但是他生年时间足够长，可以为彼得霍夫宫[Peterhof]提供设计规划，并训练了第一位在俄罗斯出生的建筑师泽穆索夫[Zemtsov]演练一种完整的古典主义风格。不过，那是在彼得的女儿伊丽莎白·彼得罗夫娜[Elizabeth Petrovna]的统治下，俄罗斯巴洛克风格[Russian Baroque]建筑才作为具有自身特色的建筑涌现出来，她的建筑师是巴尔托洛梅奥·弗朗切斯科·拉斯特雷利[Bartolommeo Francesco Rastrelli]。拉斯特雷利是一位意大利雕塑家之子，他随着勒布隆来到了圣彼得堡[St Petersburg]，因此他自15岁起就在俄罗斯生活。他被派往巴黎师从德·柯特学习，见识了德国和意大利的某些风格，带着显著的洛可可式品位返回俄国。在安娜·朱安诺夫娜[Anna Joannovna]统治的10年间，他被委派按照当时建造的样子（二位不明身份的意大利人之作）重建冬宫[the Winter Palace]。但是，在1740年，随着伊丽莎白的加入，他才吉星高照，鸿运当头。他为她完成了夏宫[the Summer Palace]——一座木质建筑工程，它早已损毁——随后轮到阿尼奇科夫宫[the Anichkov Palace]（也被毁），一座艳丽、崇高的建筑物，它的亭子上搭建了巴洛克风格的俄罗斯圆顶；然后他重建勒布隆的彼得霍夫宫（图28），将它的长度加倍；最后他从事沙皇别墅[Tsarskoe Selo]的大宫[the Great Palace]和圣彼得堡的冬宫两座建筑的总体重建工程（图27、29）。在这段时光的最后3年里，拉斯特雷利不得不应付长度荒谬的建筑物立面（这是凡尔赛宫的苦涩遗产）。他明智地大量运用古典主义的柱式，把它们划分成楼阁。在沙皇别墅，笨重的块状科林斯式立柱琳琅满目，它们分别有三种不同高度；在冬宫，科林斯柱式被奇妙拉长，凌驾在爱奥尼亚柱式之上，达到平衡，顶部基座[pedestal]托着雕像，让人感觉气势逼人，效果颇为戏剧化，这是一种比比恩纳家族式[Bibiena]的舞台设计，冷峻威严而毫不夸张。在西欧任何地方，这都将是不能容忍的。在圣彼得堡这个水陆相连、一马平川的城市，它成功地实现了专制统治所需要的一切建筑效果，一种绝对、严峻又无忧坦然的统治的效果。

在巴洛克风格的盛行季节里，拉斯特雷利的宫殿出现得较晚；直到1762年，冬宫才竣工建成。但是，奇怪的是，皇宫建筑题材的最后胜利表现却出现在源泉如此驳杂众多的国家——意大利。在18世纪初期，意大利极少有建造宫殿建筑的机会。事实上，在萨伏伊[Savoy]新建王国的首都都灵，菲利普・尤瓦拉[Filippo Juvarra]把法国和意大利风味一起带给了玛达玛宫[the Palazzo Madama]，它们在建于1792年至1733年间的斯杜皮尼吉狩猎行宫[Stupinigi]（图30）的径向平面规划中成为绝技[tour-de-force]。而从都灵开始，尤瓦拉把这些平面规划用于为葡萄牙[Portugal]国王约翰五世[John V]建造的马夫拉宫[Mafra]和西班牙[spain]国王菲利普五世[Philip V]的马德里宫[Madrid Royal Palace]。但是，在我们的故事中最后一幕发生在那不勒斯[Naples]。

经过230年委托统治之后，那不勒斯在1734年获得了它自己的王朝，波旁王朝查理三世[the Bourbon Charles III]登基。随后出现了25年的开明专制统治时期，查理国王卧薪尝胆，忍辱负重地实行路易十四的经典机制，巩固他自己的政权。一座那不勒斯凡尔赛宫的建造是可以预见的，正是因为这一点，1751年他从罗马招徕路易・吉万维泰利[Luigi Vanvitelli]。卡塞塔皇宫[Caserta]建于1751年到1774年间（图31、32）。它因规模庞大而著名，据说它有1200个房间，布局设计线条刚硬，它在乡间无限舒展，一望无尽。然而，卡塞塔宫并非真正依据凡尔赛宫的模式。它的平面规划——在矩形内嵌入一个十字形，提供了四座巨大且完全相同的内宫——具有埃斯科里亚尔宫[the Escorial]和早期文艺复兴的“理想”平面规划的某些特征。当然，在建筑处理上，它彻底体现了法国古典主义。但是，在内饰纪念装饰部分，也有一些别具一格的东西——戏剧性的巴洛克风格透视景观的（从平面规划中所产生的）设计发明，使人联想起皮拉内西宫[Piranesi]。卡塞塔宫是一座灿烂辉煌的风格融合体，耸立在意大利大地上，融合了意大利和法国的技能，解决了过去几年内一直令人困扰的宫殿建筑难题，这一难题可能还包含着巨大的严肃性且耗资无限。

第三章｜信仰的证明

现在，让我们折返回归1700年这个原点，来考虑宗教建筑吧，因为它从1700年开始发展到这个世纪中叶。在天主教和18世纪的新教世界之间，存在着明显且颇有意味的分界，人们感到应当在它们各自的宗教建筑平面规划和不同的风格中体现这种区别。这种区别确实得到了体现，但这种体现带有各种微妙而有趣的扭曲。作为一种宽泛的概括，我们可以公平地说，巴洛克风格盛期的冒险属于天主教世界，克制的古典主义风格则局限于新教世界。然而，伦敦在安妮女王的统治下出现了明显的巴洛克风格教堂，而阿尔卑斯山以北则有经典的罗马式柱廊[Roman portico]的第一批教堂中的一座，那就是维也纳的帝国查理教堂[Karlskirche]（图34、35），它在1716年由菲舍尔·冯·埃尔拉赫开始兴建。如果人们做出一个稍稍特别的恳求，要求伦敦圣保罗教堂[St Paul's]的圆顶（1709年竣工）具有新教的古典主义的清醒，那么50年后从圣保罗教堂派生的巴黎圣吉纳维芙教堂[Ste Geneviève]（现在的先贤祠[the Panthéon]）的更内敛、更经典的穹顶上可以发现何种天主教元素呢？当然，真相是这样的：在新教一方，到1700年，对一种独特的建筑态度的需要在欧洲大多数地区（但并非全部）都有些消退淡化。在英国，长久以来，无论是伊尼戈·琼斯还是雷恩，都一直在发表他们的新教感言——琼斯设计了考文特花园[Covent Garden]的托斯卡纳神庙[Tuscan temple]（1630年），而雷恩在1666年伦敦大火[the London

33. 在德国巴伐利亚州的维斯朝圣教堂，由多米尼库斯·齐默尔曼建于1746年至1754年间，圆柱和拱顶的架构是坚定的巴洛克风格，但是洛可可风格的魔法席卷了它，其余下的内部被加以理想化处理，仿佛纪念这一狂喜的时刻。

34

35

34、35. 菲舍尔·冯·埃尔拉赫设计的帝国查理教堂，于1716年破土动工，这是在一场瘟疫流行之后一座为还愿奉献的教堂[a votive church]，但是同时也举行了查理六世大帝[Emperor Charles VI]在位的一个复杂的正式庆祝大典。在庆祝大典中，它汇集了古代和现代罗马以及拜占庭和巴黎的典故；因此它是跨越千古的建筑成就的一个集体性象征，充分展示了皇帝的最终胜利——以及他的建筑师的最终胜利。

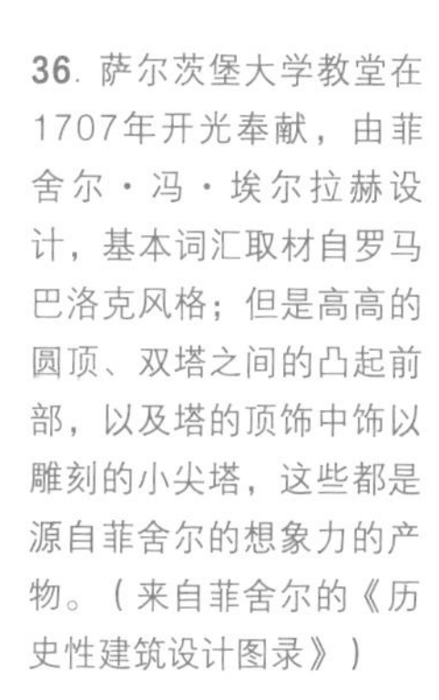

36. 萨尔茨堡大学教堂在1707年开光奉献，由菲舍尔·冯·埃尔拉赫设计，基本词汇取材自罗马巴洛克风格；但是高高的圆顶、双塔之间的凸起前部，以及塔的顶饰中饰以雕刻的小尖塔，这些都是源自菲舍尔的想象力的产物。（来自菲舍尔的《历史性建筑设计图录》）

36

Fire]之后修建了长廊大厅。在荷兰，到1620年，亨德里克·德·凯泽[Hendrick de Keyser]创作了他的希腊十字模型[Greek-cross model]（阿姆斯特丹北教堂[the Noorderkerk, Amsterdam]）。在法国，新教建筑完全没有前途，在那里所罗门·德·布罗斯[Salomon de Brosse]在1623年曾提出了一种高雅的巴西利卡教堂[basilica]形式的原型。在这些教堂中，有一些背离了经久不衰的重要性，但是其持续的影响在于平面规划而不在于风格。

在天主教世界，教堂建筑都处于一个基本水平上，没有出现新类型的挑战。对于天主教建筑而言，是不同柱式的挑战——强化和扩大为人接受的传统，以最大的力量证明教会的超然角色。这就是对巴洛克风格的制约，因为在乌尔班八世[Urban VIII]和他的三位接班人的统治下，巴洛克风格在罗马蓬勃发展——贝尔尼尼、博罗米尼和科尔托纳的巴洛克风格。这种巴洛克风格不是反宗教改革[the Counter-Reformation]的艺术，而是反宗教改革运动所形成的情势下的艺术。这是一种功能全新的艺术：无外乎凭借人的感官，通过结合艺术修辞，直接传达宗教启示。到1700年，这种新功能在意大利已经得到了充分展示。在接下来的半个世纪中，它以辉煌至极的表演在中欧一次又一次地得到了验证。

中欧的天主教

正是在奥地利和波希米亚，我们才看到巴洛克风格的第一个新情节，而且正是在这两个国度，意大利移民对这种方式做好了充分的准备。关于贝尔尼尼和博罗米尼的作品如何启发了宫殿的建设者，前面我们已经做过阐述。在教堂建筑方面，他们依旧是奇迹和效仿的源泉。贝尔尼尼在罗马的椭圆形教堂奎琳岗圣安德烈教堂[S. Andrea al Quirinale]在阿尔卑斯山北的平面规划中再次得到回应（图37、38、40）。博罗米尼的小型杰作四泉圣嘉禄堂[S. Carlo alle Quattro

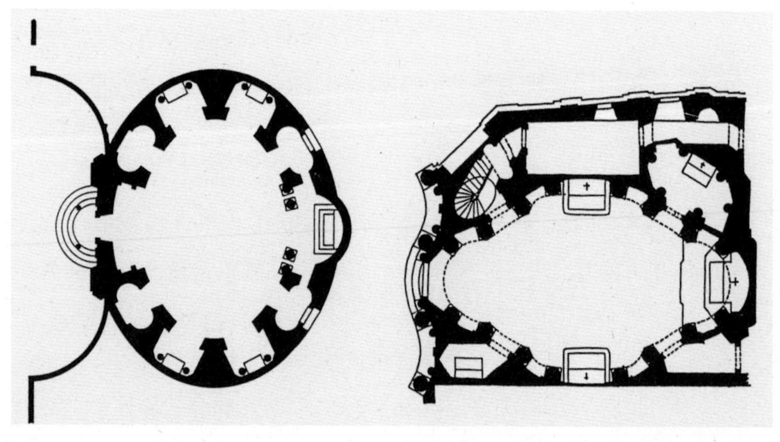

37

38

37、38、40. 两个罗马巴洛克风格平面规划图及其中欧的后代设计图。图37是由贝尔尼尼设计的奎琳岗圣安德烈教堂，图38是由博罗米尼设计的四泉圣嘉禄堂（见图3）。图40是由约翰·卢卡斯·冯·希尔德布兰特设计的波希米亚[Bohemia]加贝尔教堂[the church of Gabel]，它的圆顶凌驾在“三维”拱门之上。

39. 布拉格附近的布鲁诺教堂[the church of Brunau]（布雷诺夫修道院[Břevnov]）建造于1708年至1715年间，由克里斯托夫·丁岑霍费设计，它采用了重叠的横向椭圆形体制，赋予了一种运动感—这一构造成为丁岑霍费家族的标志性特点。

39

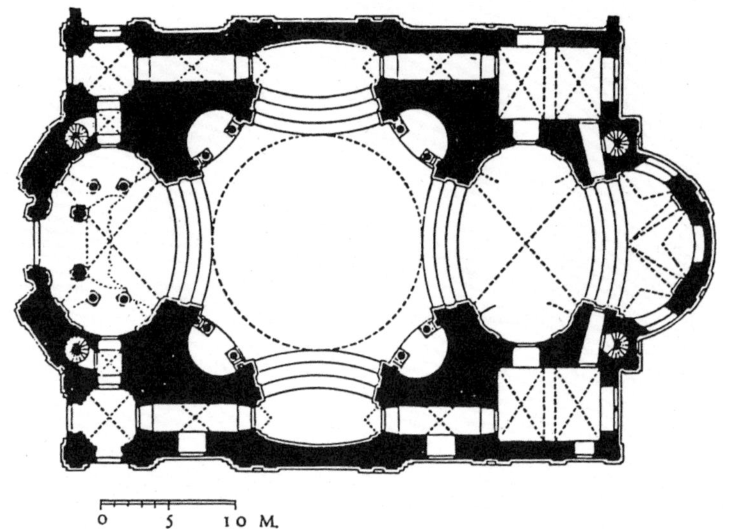

40

41

42

Fontane]将一种瞬间的动态戏剧性地捕捉下来，它或许是所有影响中最为强烈的。在萨尔茨堡由菲舍尔·冯·埃尔拉赫于17世纪末建造的教堂中（图36），我们立刻看到了它的影响。我们在与克里斯托夫·丁岑霍费的名字相关联的布拉格教堂中再次看到了它（图39）。在波希米亚[Bohemia]北部加贝尔[Gabel]，上宫的建筑师卢卡斯·范·希尔德布兰特介绍了“三维拱[three-dimensional arch]”（在平面图以及在立面图中形状弯曲），博罗米尼的皮埃蒙特[Piedmontese]追随者瓜里诺·瓜里尼[Guarino Guarini]曾在都灵的圣洛伦佐教堂[S. Lorenzo]使之著称于世，而它又通过中欧闻名域外。这些对巴洛克风格的新阐释所具有的独创性和大胆性令人震惊。丁岑霍费是一位目不识丁的德裔血统石匠，他尤其抓住了巴洛克风格的构思理念，采用早在两个世纪以前的一位哥特风格大师的一切权威来处理它们。此外，在布拉格附近的布鲁诺河畔[Brunau]的本笃会[Benedictines]教堂，他取得了建筑和壁画的一致性，这最终从罗马的圣伊格纳齐奥教堂[S. Ignazio]派生，使巴洛克风格贯穿全中欧，而且在教堂内饰中比在宫殿的楼梯和大厅中甚至更

43

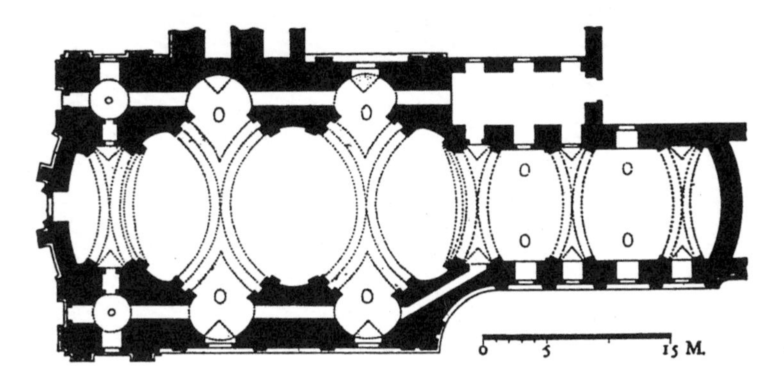

44

41. 乔瓦尼・桑蒂尼于1712年为中世纪修道院教堂塞德莱茨教堂设计了一座新拱顶，他采用了一种奇异的“哥特式”风格，这似乎预见了在后来的世纪中沃波尔和怀亚特的哥特风格复兴。

42、43、44. 德国中部的班茨教堂：内部、外部和平面规划。本笃会修道院由约翰・丁岑霍费在1710年和1718年之间建造。此时的修道会正在经历中欧暴富的阶段，导致了教堂和修道院建筑（包括图书馆）的奢华重建（参见图**126、128**）。班茨教堂的平面规划包括与布鲁诺教堂（布雷诺夫修道院）相同的相互连锁的椭圆形体系。

加令人瞩目。

这一时期的二流大师包括古怪的乔瓦尼·桑蒂尼·艾希尔[Giovanni Santini Aichel]（通常称为桑蒂尼[Santini]），他是布拉格本地人，祖父祖籍意大利，他曾经访问了荷兰和英格兰以及意大利。在他身上，我们看到了波希米亚巴洛克风格与哥特风格结合运用的奇异景象。他的平面规划是一种先进的、原创类型的巴洛克风格，采用哥特风格的原因可能出于风景如画的需要或者历史的原因。克拉朱比教堂[Kladruby]（1712年）及塞德莱茨教堂[Sedlec]的混杂哥特式拱顶是中世纪教堂的修复和延伸部分（图41）。

从奥地利和波希米亚的这些建筑开始，新教堂艺术传播到弗兰肯尼亚、斯瓦比亚[Swabia]、瑞士、巴伐利亚和萨克森。其载体为修道院的订单。17世纪末，中欧的修道院步入了一个相当富裕的时期。虽然它们的责任减弱了，如果它们还有责任的话，但是它们的土地财富反而增加了，在巧妙地管理这些财富时，它们像伟大的贵族那样有很多相同的潜力大兴土木建造房地产。无数的本笃会、西多会[Cistercion]和普利孟特瑞会[Premonstratensian]全部或部分重建自己的寺观，建筑规模往往十分宏大，具有累积效应，丝毫不逊色于伟大的宫殿。在菲利普二世的埃斯科里亚尔宫，欧洲已经有了一座引人注目的宫殿寺院。奥地利和德国的更加宏大的修道院比它时间稍晚，却比它更为明快。

克里斯托弗的兄弟伦纳德·丁岑霍费在1669年至1702年间重建了班贝格的圣马可教堂[St Michael]的山坡寺院，在1700年至1713年间重建了符腾堡州[Württemberg]施特劳宾修道院[Schönthal]。他的另一位兄弟约翰于1710年至1718年在班茨重建修道院教堂，地址再次位于壮观的山顶，俯瞰着梅恩山谷。在这里丁岑霍费的天赋得到了新的展现。中殿拱顶是相互交错的椭圆形系统，在随后的层面上出现不同的强调，它们如此扭曲以至于实质的拱顶本身貌似裂开，露出了天国的拱顶，在

45

那里描述了选自《旧约》和《新约》的事典。一方面，这里是依据博罗米尼式的理念进行的一种辉煌杰出的变化；但是，在另一方面，它又属于对波希米亚哥特风格的造型的别出心裁的复兴，这是丁岑霍费一定曾致以深深敬意的一种风格。

丁岑霍费家族是历代从事石匠工作的世家，这是这一时期的修道

45. 梅尔克修道院坐落在俯瞰多瑙河的一座小山顶上，在1702年至1714年间由雅各布・普兰陶尔重建。他对如画的风景具有真实的情感体会，所以他把修道院的围阻墙[containing wall]延伸至岩石场地的最远末端，从而形成了一个拱形的开口，与下面的山谷在视觉上连接起来：这是奥地利巴洛克风格最令人难忘的组成部分之一。

46

46、47. 巴伐利亚巴洛克风格[Bavarian Baroque]中的布景透视法[*scenographia*]的两个最耀眼的展示，两者都是由阿萨姆兄弟设计的：罗尔（上图），饰有圣母升天[Assumption of the Virgin]最现实的呈现；以及威尔顿堡（对页图），再现了圣乔治[St George]捕获并杀死他的龙的场景。

院建筑的教堂特点，它的设计师来自这种工匠阶层；而不像希尔德布兰特之类属于温文儒雅型，所受教育是理论性的，并与军事事务有关。因此，耸立于多瑙河畔的伟大的梅尔克[Melk]本笃会修道院，首席建筑师是雕塑家–石匠雅各布·普兰陶尔[Jakob Prandtauer]，他既没有旅行阅历也不深谙阅读。他在旧址上重新规划整座修道院，把教堂放置在两座翼楼收敛之间的轴线上，其高耸的西端俯瞰着一座庭院，似堡垒般从岩石上拔地而起（图45）。在这样一座建筑物中，一位雄心勃勃的修道院院长显然类似国君，不仅可能拥有相同的资源，而且对建筑性能表现的纯粹欲望同样上瘾。

在巴伐利亚，修道院捐赠与选帝侯马克斯·艾曼纽的宫廷赞助并行不悖，这在前面章节已经提到。马克斯·艾曼纽的胜利在于把艾夫纳[Effner]和居维利埃带到了慕尼黑，并促成巴伐利亚洛可可风格的产生。在教堂建筑方面，赞助由本笃会修道院院长掌控，极具艺术个性的伟大人物是科斯马斯·达米安·阿萨姆[Cosmas Damian Asam]和伊格德·屈林·阿萨姆[Egid Quirin Asam]。他们是一位成功的壁画家之子，两人都在主教赞助下被送往罗马学习。科斯马斯·达米安成为一位画家；伊格德·屈林则成为雕塑家。两人都涉猎建筑。但是，阿萨姆兄弟的建筑属于独特种类，正如它几乎是一门自成一家的艺术一样，一方面它如此直接、如此等同地转变成绘画，另一方面又转变成雕塑。科斯马斯·达米安把他的艺术的组成部分表达为:“建筑：舞台布景：两者之和”[*architectura: scenografia: decus*]。舞台布景是许多东西的线索。他在威尔顿堡[Weltenburg]修建的修道院教堂于1718年开始破土动工，它属于贝尔尼尼的奎琳岗圣安德烈教堂一脉，但是贝尔尼尼的快速动作骤然止步，光从神秘的来源倾入（图47）；在高高的祭坛背后的一片耀眼的强光之中，骑在马背上的圣乔治的身影冲进了教堂——当然伊格德·屈林是雕塑家。伊格德·屈林也是罗尔[Röhr]附近圣母升天

48

49

舞台造型[*tableau vivant*]的创造者，《圣母升天》[*Assumption*]的整个场景恰如被照相般捕捉再现，并被渲染成一个令人敬畏的群雕组合的惊人画面（图46）。在以后的岁月里（1733年至1746年间），伊格德·屈林在慕尼黑自家宅邸旁，自费建造了一座教堂，献给当时最新册封的内波穆克的圣约翰[St John of Nepomuk]（图48、49）。其狭窄的立面是博罗米尼发明的主题的一首雕塑家幻想曲；此时它的内部装饰同样是参照贝尔尼尼的一首幻想曲。但是，这些罗马人只有靠边站的分了，因为

48、49. 位于慕尼黑的圣约翰内斯内波穆克教堂[St Johannes Nepomuk]由阿萨姆兄弟自己出资，在自家住宅旁建造，建于1733年至1746年间。教堂立面采用了凹—凸—凹节奏[concave-convex-concave rhythm]和戏剧性的夸张雕塑，屏蔽了内部，所有的艺术形式都在内部相结合，产生了惊人的影响。檐口上面被神秘地照亮，三位一体[Trinity]的三个人都用绘画和雕塑令人眼花缭乱的组合真实地阐释。

50

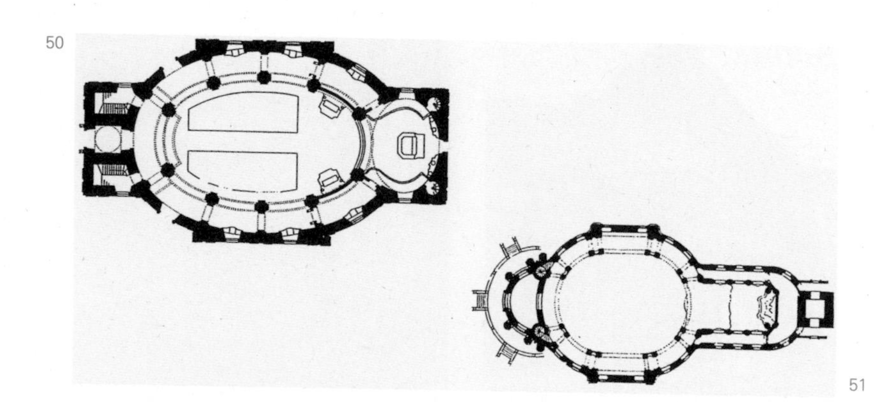

51

50、51、52. 由多米尼库斯·齐默尔曼设计的两座教堂，两者都采用了椭圆形平面规划：施坦豪森椭圆朝圣教堂（顶部图片）和维斯教堂（上方图和下方图）。朝圣教堂“在维斯”[an die Wies]（字面意思是“在草地上”）建为一个神奇形象的背景。粉刷法的采用使建筑师能够做到表面上看来似乎不可能的事（例如倒拱），同时通过空间进展与一种色彩进展相呼应。白殿导致了颜色加深为蓝色和红色的圣所[sanctuary]的形成。

52

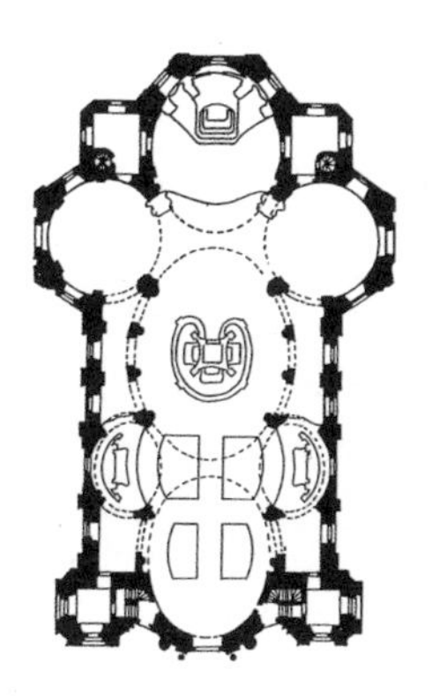

53

54

53、54、55. 维森海里根朝圣教堂是另一座朝圣教堂，1743年至1772年间由巴尔塔萨·纽曼设计，这是基于椭圆形状的所有教堂中最复杂精细的一座。的确，这项平面规划包括五个椭圆形，最大的一个形成了中殿，其中包含了“十四圣人”[Fourteen Saints]的神龛。

55

这位巴伐利亚雕塑家已将罗马人的特点融入自己迅速而戏剧性的夸张发明中。

才华横溢的阿萨姆兄弟闻名遐迩，人们对他们的需求不断，经常在其他建筑师的教堂中穿插他们的风格。在他们的巴伐利亚同时代人中，还有一对兄弟，他们稍微年长一些，风格却大相径庭——多米尼库斯·巴普蒂斯特·齐默尔曼[Dominikus Baptist Zimmermann]和约翰·巴普蒂斯特·齐默尔曼[Johann Baptist Zimmermann]。多米尼库斯一开始从事石匠工作，但是在普利孟特瑞会[Premonstratensian]的赞助下，他摇身变为建筑师。约翰·巴普蒂斯特是一位画家和泥水匠[plasterer]，他在阿玛琳堡与居维利埃有了联系，由此声誉卓著。这两位齐默尔曼一起把宫廷洛可可风格带入了教堂建筑领域，在此过程中，把它转换成为复杂程度大大降低的某种特征，事实上，他们开启了“巴伐利亚风格”，它在如此众多的乡村教堂中一呼百应。他们的首件重要作品是施坦豪森[Steinhausen]椭圆朝圣教堂（图50），于1728年至1731年间建成。它形式古朴卷曲，成为阿萨姆兄弟复杂的巴洛克风格的对立面。然而，他们的胜利出现在15年后的岱·维斯[Die Wies]朝圣教堂（图33、51、52）。在这座建筑中，在一个谷仓般的外壳内，双拱门[shafts]通过拱架连接到墙壁上，椭圆形的圆顶从坚固的、棱角分明的双拱门上扬。它的风格十分简朴。但是，通过农民的简朴，吹来一种清新的洛可可风格，几乎是一种幼稚的发明，精确有效地发挥着它的影响，把农民的谷仓提升到天堂的高度。

然而，在中欧，在西多会[Cistercian]的赞助下，1743年巴尔塔萨·纽曼承担了维森海里根朝圣教堂[Vierzehnheiligen]的建筑项目；1747年在本笃会[Benedictine]的赞助下，他又承担了内雷斯海姆修道院教堂[Neresheim]的建筑项目，这时寺院建筑的高潮来到了。此时纽曼将近60岁了，是欧洲建筑最辉煌杰出的人物，不仅精熟法国各家各派的技艺，而且完全掌握了波希米亚和奥地利的创新技术。维森海里根朝圣教堂雄伟矗立，俯瞰梅恩山谷[the Main valley]，在山谷对岸坐落着班茨教堂[Banz]（图42—44），它由约翰·丁岑霍费建于33年前。正如我们所看到的，班茨教堂的形状基于交叉的椭圆形方案。维森海里根教堂的方案也如法炮制（图53、54、55），但是在那里椭圆形的演绎更加复杂精细，达到了出人意料的结果，不仅更加生动而富有戏剧性，而且具有摇曳飘逸的连续性，其中恰恰表现了教堂的双重目的——集中环绕朝圣者的神殿，同时最终还要在高高的祭坛中达到高潮。内雷斯海姆修道院教堂坐落在施瓦本阿尔卑斯山[Swabian alps]，要求一个简单的解决方案，因此它不太复杂，动态性也较差；它却以不朽的巧妙构思表达了巴洛克风格的故事在中欧的终结。

向古典主义扭转：意大利和法国

18世纪上半叶，在天主教的欧洲，丁岑霍费兄弟和纽曼的教堂建设的成就卓尔不群，极少有能望其项背者。在罗马，这一时期最轰动的事件是1732年在拉特兰[Laterano]举行的圣乔瓦尼教堂[S. Giovanni]建筑立面的设计比赛。亚历山德罗·伽利略[Alessandro Galilei]从23位参赛建筑师中脱颖而出，大获全胜。他的设计与马代尔纳[Maderna]的圣彼得大教堂西侧立面有关，但是圆柱的处理手法体现了一种比较古典的精神，事实上，借鉴了类似于雷恩及其英国圈子正在创作的建筑精神。由于伽利略曾经在英格兰度过5年时光，还曾与范布勒联合，所以人们难免得出结论：英国古典主义的新趋势是他取得成功的一个因素。不管情形是否果真如此，拉特兰教堂的外观是意大利巴洛克风格品味转换的一个指向标——一种反对概括泛化的精心构思的感觉和指向仿古的新式客观性。诸如此类的东西也可见于1741年至1743年建造的赋格[Fuga]

的马杰奥尔圣母堂[Sta Maria Maggiore]的新颖外观。

在皮埃蒙特，随着萨沃伊的维托里奥·阿梅迪奥二世[Vittorio Amedeo II]的统治开始，开创了一个时间颇短却成就显著的时期。他邀请菲利普·尤瓦拉为他效劳，尤瓦拉当时正处于声望巅峰期，因而出现了1714年和尤瓦拉逝世的1736年之间在都灵及四周兴起集宫殿建筑、城市规划[town-planning]和教堂建筑为一体的浩大建筑工程。其中两座教堂是他们这个时代最具原创性的，因为在尤瓦拉身后他积累的所有经验和意大利传统的权威都是他的后盾，他还构思了与在阿尔卑斯山另一边的纽曼（他确切的同代人）同样大胆的发明。譬如，都灵的基耶萨·德拉·卡尔米内教堂[the Chiesa del Carmine]（1732年至1735年间），他取代了传统的巴西利卡长方形教堂，逐步地更接近于一座北方“大厅”教堂，每一间侧房[aisle bay]都包含位于下方的礼拜堂和上方的游廊[gallery]，其本质上是哥特风格，但是采用完美的巴洛克风格的技术处理（图57）。尤瓦拉的代表作——苏佩加教堂[the Superga]——高高俯瞰着都灵平原，它是由维托里奥·阿梅迪奥建造的一座高山圣所，作为献给圣母[the Virgin]的感恩祭（图58）。这座教堂建于1717年至1731年间，它包括一座长方形的寺院建筑，从那里一座圆形教堂凸出向上伸展为一个穹顶，向前伸展成为深深的拱形门廊：这里没有哥特风格，而是文艺复兴和巴洛克经验的新式美妙结合。

此外，在皮埃蒙特，贝尔纳多·维托内[Bernardo Vittone]的天赋，在他众多小城镇的教堂设计中闪耀着温馨和煦的光辉。作为比尤瓦拉年轻的一代，他把一些大师的即兴创作与瓜里尼的几何发明相融合，特别是通过从圆顶看到的圆顶垂直角度，创造了空间层层超越的天体错觉。在卡里尼亚诺[Carignano]附近的瓦利诺托[Vallinotto]的小型中心区域教堂（图59），低层穹顶是圆拱弯梁网状结构；其上方就是具有圆顶顶点圆孔[*oculus*]的一个绘图圆顶，透过它可以看到另一层绘图圆

56

57

56. 拉特兰的圣乔瓦尼大教堂的外观，1732年举行了一次设计竞赛之后它被扩建为早期的基督教巴西利卡教堂。建筑师是亚历山德罗·伽利略，他的设计标志着巴洛克风格解放之后回归正统的古典主义。范布勒的影响是可能存在的，因为伽利略曾在英国待过一段时期，并接受了范布勒的一位客户的咨询。

57. 都灵的基耶萨·德拉·卡尔米内教堂由菲利普·尤瓦拉在1732年至1735年间设计建造。在一般传统的平面图和立面图中，菲利普·尤瓦拉强行加入了一个令人兴奋的创新，桥墩[piers]被“桥梁”连起形成了游廊，与下方的小礼拜堂连为一体。

58

59

58. 在1717年至1731年间菲利普·尤瓦拉设计的苏佩加教堂，它凌驾在都灵城外的一座小山顶上。立方体和圆柱组合的一张简图是以古典工艺进行宏伟演练的基础，蔓延的栏杆平台为它增添了巨大的尊严。

59. 由贝尔纳多·维托内设计建造的位于皮埃蒙特的一座小村庄教堂瓦利诺托教堂的圆顶。灵感显然源自瓜里诺·瓜里尼设计建造的都灵圣洛伦佐教堂的穹顶（图4），甚至具有更多相互穿插的拱肋和光源。

顶，最后，透过又一个更小的圆顶顶点圆孔，可以看到明亮辉煌的灯笼式天窗凌驾在整座建筑物的上空。

我们从意大利转向法国，结果再次发现，教堂建筑与中欧决无可比性，无论是在赞助方面还是在性能方面。一如在奥地利和德国，在法国的确有富裕的修道院用它们的收入雇用最好的建筑师，大兴土木，实施雄伟壮丽的重建工程：譬如伟大的罗伯特·柯特重建圣丹尼斯修道院[St Denis]以及图卢兹[Toulouse]和斯特拉斯堡[Strasbourg]的主教宫殿（现分别用作市政厅和博物馆）。但是法国与中世纪分离得太久远，不能分享这场精神性和蓄意奢侈浪费的非凡联合，正是这种联合给了我们像奥托博伊伦教堂[Ottobeuren]、维森海里根教堂和岱·维斯教堂这样的教堂。在18世纪的法国，既有特色又有意味的作品是添加在已有教堂上的新立面，这种立面向宗教（而非宗教活动）呈现出显眼且往往代价高昂的姿态。在伏尔泰[Voltaire]的时代，这种态度是可以预见的。这些建筑立面大多都基于意大利式或孟萨尔式原型。不过，巧合的是其中之一——巴黎圣叙尔皮斯教堂[St Sulpice]——是一座相当原创且颇具影响力的丰碑（图60）。这里的建筑师是让–尼古拉·塞尔万多尼[Jean–Nicolas Servandoni]*，他出生在佛罗伦萨，生父是法国人，姓名不详，1732年——正如所发生的那样，在举办罗马拉特兰圣乔瓦尼教堂的新立面设计竞赛的那一年——他在竞赛中赢得了这项委托工程（图56）。更巧合的是，塞尔万多尼设计的建筑外观，像伽利略的一样，受到英国的影响，其第一个版本是对圣保罗大教堂西部立面的套用。然而，在实际执行中它被大大改良，它的成功与雷恩关系不大，更多在

* 让–尼古拉·塞尔万多尼（1695年5月2日—1766年1月19日）也以乔瓦尼·尼古拉·塞尔万多尼[Giovanni Niccolò Servando]或者塞尔万多尼[Servandoni]之名为人所知，他是法国装饰师、建筑师和布景画家。——译者注

60

60. 巴黎的圣叙尔皮斯教堂西侧前面，它由法籍意大利裔建筑师塞尔万多尼于1733年开始动工建造。这里是对巴洛克风格的一个突破，显然受到英式影响启发，第一个版本随后被修改，这是基于圣保罗大教堂的西侧前部。它有两座塔，位于北部的北塔（左图）是塞尔万多尼的设计，而那座南塔在1777年由夏尔格兰设计。

于塞尔万多尼关注展现对罗马柱式的宏伟和忠诚的诠释。

不同种类的智力线索贯穿于一些法国教堂建筑，它们从对哥特风格的活泼却丝毫不浪漫的关注中生发出来。1709年，路易十四本人亲自下令奥尔良[Orléans]圣十字教堂[Ste Croix]的新建西侧立面采用哥特风格；然而这是一座缺乏时代性的宏伟建筑，因为新思想以古典语言开启了对哥特思想的阐释。处处建有教堂，它们都用非常修长的古典式圆柱支撑纤细的罗马式拱顶或圆顶。这些建筑中最惊险刺激的当属尼古拉斯·尼科尔[Nicolas Nicole]的贝桑松[Besançon]马德琳教堂[Madeleine]（图61），他在这座建筑中对古典主义元素进行了最低限度的扭曲，从而获得了直冲云霄的哥特式效果。到这一世纪中叶，古

61. 在贝桑松的马德琳教堂，尼古拉斯·尼科尔建造了建筑结构属于哥特式的一座教堂，但是由爱奥尼亚式圆柱的古典式准确对柱形成了窗间壁。

61

典风格和哥特风格原则的整合已经成为应急的新古典主义的一个重要方面。巴黎圣吉纳维芙教堂[Ste Geneviève]后来将成为世俗化的先贤祠[Panthéon]，达到了一个巅峰（图62—64）。这座教堂在1757年至1758年间由雅克·日尔曼·苏夫洛[Jacques Germain Soufflot]为路易十五[Louis XV]设计。到此时，科迪默的思路已被人接受，被劳吉埃颇为有效地宣传推广。在圣吉纳维芙教堂，苏夫洛尝试劳吉埃至纯的古典主义建筑的理想，且非常接近地达到了。然而，这仍然体现了拱形哥特式教堂的结构完整性。这是18世纪的第一座完全独立于巴洛克风格之外的伟大教堂建筑。

62

63

62、63、64. 巴黎圣吉纳维芙教堂，现在的先贤祠，在1757年由雅克·日尔曼·苏夫洛破土动工，这是一个比较激进的尝试，把古典主义元素运用于哥特式结构中，即一座由平衡推力和反推力的系统支撑的十字形[cruciform]大楼。从风格上而言，它是严格的古典主义风格，包括中央圆顶和一个巨大的西部门廊。然而，苏夫洛错误地估计了压力，从大约1790年制作的版画中可见他充足的窗户不得不被填补起来。

64

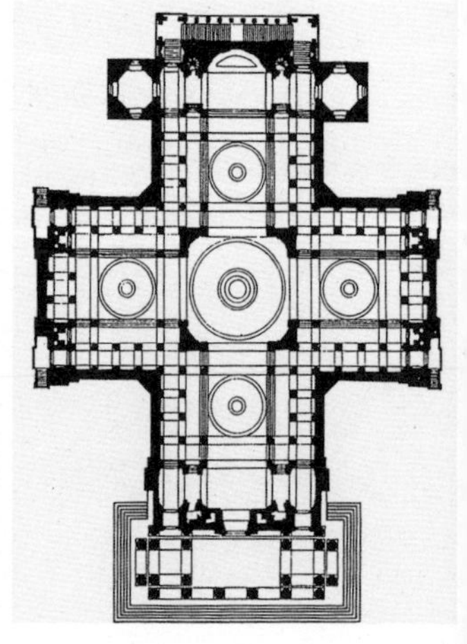

西班牙、葡萄牙和拉丁美洲

在18世纪的法国，虽然总体上没有偏向教堂建筑的重大激励之举，但是建造的一些教堂都具有高深的哲学性和创新的重要性，这也许就是此时的法国特色。另一方面，在西班牙，在过去的哈布斯堡王朝[Habsburgs]的统治下产生的文化破产，一直持续到波旁王朝统治的世纪。在西班牙菲利普五世的统治下，一些意大利矫饰主义更神经质特色

65

65. 西班牙巴洛克风格保持了相对而言空间上不爱冒险的精神，但是偶尔也会屈服于装饰狂潮的推动，其中每一种建筑元素——壁柱、柱头、飞檐、窗户周围部件——都被分裂成为一大堆锐边饰和厚重涡卷饰。此处展示了由路易斯·德·阿雷瓦洛设计的格拉纳达卡尔特修道院的圣器收藏室。

的猛烈加剧，使教堂建筑成就卓然，特别是装饰细节的焕发对传统形式的破坏。建筑不留块面，无一边缘不变形失真，由此在观者的心中激起一种惊奇之情，这一天真的愿望在德国被发现了。然而，与西班牙和丘里格拉家族相关的作品中发现的同等气势撼人的完整性却从未出现。何塞·德·丘里格拉[José de Churriguera]于1725年去世，他是当时最为杰出的建筑师，但是正是他的兄弟、他的孩子和他的追随者才把这种风格推进到最令人震撼的极致——譬如，1727年由路易斯·德·阿雷瓦洛[Luis de Arévalo]开始动工建造的格拉纳达[Granada]卡尔特修道院[Carthusian]的圣器室这样的建筑作品（图65）。这种迷宫般的建筑作品与16世纪西班牙自身复杂的“繁复花叶形装饰[Plateresque]”的风格有些关系。有人认为，熟谙墨西哥的古老艺术，这可能增强了其怪异的特点，但是除了飞檐[cornices]的永恒锯齿状之字形[zig-zagging]之外，很少有支持这一想法的证据；1594年至1598年间在纽伦堡[Nuremberg]出版了温德尔·迪特林[Wendel Dietterlin]的铜版画，相比这本书中提供的流传颇广的那些建筑形式，阿雷瓦洛的格拉纳达的分解壁柱[decomposed pilasters]并非全部都如此陌生。总之，西班牙巴洛克建筑风格[Churrigueresque]是某种回归之物，也许是缅怀西班牙的辉煌时代。更容易与当代实践联系的其他方面是“透明的艺术”[*trasparente*]，在托莱多大教堂[Toledo Cathedral]其最伟大的西班牙实例可能是世界上最有效的，甚至比阿萨姆在巴伐利亚的表现更加令人惊异。它的设计旨在颂扬圣礼[Sacrament]，也作为对简森派异端[Jansenist heresy]的一种抗议。它包含了一座泛光照彻的高浮雕祭坛[altarpiece]，光的来源——通过肢解和变相的哥特式拱顶上方的腔堂——本身就蕴含着来自天堂的异象（图66）。1732年，它由纳西索·多美[Narciso Tomé]完成，正像如此众多的西班牙建筑确实传达的那样，它传达了深切关注建筑形式的一种强烈情感。

66

67

66. 托莱多大教堂的透明的艺术[*transparente*]，它在1732年由纳西索·多美建造而成，很难通过照片准确传达。它本质上是一个照壁，一边形成高坛的背面，另一边（在这里）从回廊[ambulatory]可以看到。在它上方，一个拱顶壁间被删除了，开口由天使人物环绕，基督和先知在云间升上宝座。

67. 圣地亚哥·德·孔波斯特拉大教堂的西侧前部，建于1738年至1749年间，它合并了古老的罗马式[Romanesque]建筑的方形塔楼，但是把它们隐藏在极度装饰展现的背后，建筑师是费尔南多·德·卡萨斯·伊·诺沃亚[F. de Casas y Novoa]。

一座18世纪蔚为壮观且强烈流露出回顾性要素的西班牙建筑作品就是圣地亚哥·德·孔波斯特拉大教堂[Santiago de Compostella Cathedral]的主立面，它建于1738年至1749年间（图67）。为了维持其作为朝圣中心的威望，1650年，大教堂进入修缮和装潢过程。它历经三位建筑师之手，他们所有人都采用了上一世纪德国或佛兰芒[Flemish]建筑作品的衍生风格进行创作。费尔南多·德·卡萨斯[Fernando de Casas]是大部分建筑西部立面的设计师，他强化了这种风格的特点，制定了无穷无尽精巧细致的构图，大量增加壁龛、涡卷饰、圆柱和碎山形墙，让人想起充满爆发性的迪特林。这项工程确实与拉格兰哈宫[La Granja]的菲利波·尤瓦拉的后期巴洛克风格建筑立面和萨切帝[Sacchetti]的马德里皇家宫殿立面属于同一时代，当我们这样反思时，便是在强调对教堂建筑的有意回顾。

在西班牙人统治的新世界，巴洛克式教堂建造的洪流被西班牙人释放出来，对此我们必须略做叙述。征服美洲是国家和教会的联合探险，随着新市镇的出现，他们的教堂也拔地而起了。他们的修道院和传教团体推动了宗教秩序的传播。大多数大教堂和较大的社区教堂都在1570到1650年间建成；我们这里关心的18世纪只看到了这一过程的最后阶段。1759年查理三世登基之后，因为欧洲启蒙运动精神的触动，财富和产业从教堂建筑转向大学、图书馆和医院的建设。

17世纪末期的典型西班牙—美国式大教堂是一种三通道[three-aisle]桶拱形[barrel-vaulted]结构，它建有圆顶十字架。在西端耸立着两座坚固的钟塔楼，它们之间耸立着一座“祭坛式装饰立面[retable façade]”，它往往复杂精致之至。在18世纪初期的墨西哥[Mexico]，这些建筑宏伟壮阔的特征开始妥协，转化为一种更为优雅的类型。在墨西哥城大教堂[Mexico cathedral]中，它首先见于洛斯雷耶斯礼拜堂[the Capilla de los Reyes]（建于1718年至1737年间），随后大规模地

68

出现在大量墨西哥教堂中，其中最著名的是特拉斯卡拉地区[Tlaxcala]附近的奥科特兰圣堂[the Santuario de Ocotlan]（图68），它距离墨西哥城几百英里。西部塔向上挺拔，气势冲天，塔的高度是中殿高的两倍，其下部相当光秃，上层部分装饰繁多，部分效仿西班牙巴洛克建筑特征。在双塔之间，“祭坛式装饰立面”引人注目地得以强化。在秘鲁

68. 墨西哥特拉斯卡拉附近的奥科特兰圣堂。中心立面位于朴素的砖塔之间，祭坛有组塑装饰，它们塑造得同中心立面一样华丽辉煌，被放大到一个巨幅的规模。通过历史的奇妙巧合，西班牙晚期巴洛克风格已经发展到一定的程度，它也带有墨西哥本地建筑的一些特征。

[Peru]和玻利维亚[Bolivia]的高原省份，发展了所谓的“拉丁民族与印第安族的混血[*mestizo*]”风格，“混血儿”风格[half-breed]。在这种风格中，可辨别的巴洛克元素都淹没在许多带有强烈本土化变形的丰富装饰性雕塑中（图69）。

在离开西班牙的建筑财富之前，我们有必要将视线从大教堂转向瓜拉尼[Guarani]印第安人中的基督教传教士们谦逊的建筑表演，尤其是在巴拉圭[Paraguay]。在17世纪初，这里的社区生活的严格规则由耶稣会大主教[the Jesuit Provincial]迭戈·德·托雷斯[Diego de Torres]确立下来，控制着装、住房以及工作、娱乐和休息的常规套路——一种基督教共产主义。这些定居点或“缩减物”通常出乎意料地成为成功的商业产业。但是，它们在热带森林中发挥效力的条件，规定了一种原始

69. 玻利维亚康塞普西翁的耶稣会传教团总部[Jesuit mission]。像这样的建筑的原始特征取决于当地条件，由在南美洲建立定居点的西班牙传教士所设立。它与劳吉埃的思索性原始主义[primitivism]之间不存在需要追索的联系。

的建筑类型——建造在木柱上的棚屋，它采用土砖砌成的幕墙[curtain-walling]。大约1675年之后，这里引入了石工围墙，在1725年左右，引进了砌筑石工穹顶结构，但是甚至在1767年以后，当地还继续建造木结构教堂建筑，而此时耶稣会被驱逐出美国。木构建筑存世很少，而亚瓜隆教堂[Yaguaron]（建于1761年至1784年间）则具有代表性。这是一座原型神庙，可能时常出现在像劳吉埃这样的理性哲学家的头脑中。但是事实上，这种建筑的特点源于欧洲的木工技法和本地工艺的结合。

18世纪的葡萄牙建筑史迥异于西班牙建筑史。1693年，巴西发现了黄金，这使约翰五世的宫廷成为欧洲最奢华的建筑之一。在建筑上，他的统治时期被马夫拉宫殿修道院的建设所主宰，这是埃斯科里亚尔宫的等效建筑物，但是主要强调宫殿元素而弱化修道院元素（图70、71）。这是一位德国建筑师若昂·弗雷德里·路德维希[J.F. Ludwig]（在葡萄牙被称为若昂·弗雷德里·路德维奇[João Frederico Ludovice]）的作品，他曾经在帝国军队服役，然后在罗马安德烈·波佐[Andrea Pozzo]手下效力。贝尔尼尼、博罗米尼和丰塔纳的影响是显而易见的。在18世纪的葡萄牙，另一位伟大的建筑师是意大利人尼科洛·纳佐尼（纳索尼）[Niccolo Nazzoni （Nasoni）]。他在葡萄牙最重要的作品是波尔图[Oporto]的圣佩德罗教士教堂[São Pedro dos Clérigos]的椭圆形教堂。因此，18世纪的葡萄牙建筑风格受意大利和中部欧洲的影响所主导，这种主导方式西班牙未曾经受；巴洛克风格传递到洛可可风格之后，1760年乔瓦尼·卡洛·比比恩纳[Giovanni Carlo Bibiena]设计了里斯本[Lisbon]附近的贝伦纪念堂[the Memoria Church]。1755年里斯本被地震摧毁后，新城市以新古典主义形式兴建，然而重建的教堂保留了大部分洛可可风格的特征。

在巴西[Brazil]，教堂建筑更加密切地与母国建筑联系在一起，它的情形不同于墨西哥和秘鲁与西班牙之间的关联。圣弗朗西斯科[Sâo

70

71

72

70、71. 里斯本北部的马夫拉宫广阔宏伟的宫殿修道院，建于1717年至1730年间，由德国建筑师路德维希设计建造，它是葡萄牙对埃斯科里亚尔宫的应答。这座教堂建有双塔，耸立的立面外观和内饰圆顶，形成了主体范围的中心。

72. 位于巴西的葡萄牙殖民地圣弗朗西斯科[São Francisco]的圣若昂德厄尔尼诺睿教堂。1774年由葡萄牙建筑师设计，它没有受到跨越大西洋的环境和就地取材的影响。

Francisco]的圣若昂德厄尔尼诺睿教堂[São João d' El Rei]是葡萄牙洛可可风格的一个典型例子（图72），在1774年，它由葡萄牙建筑师安东尼奥·弗朗西斯科·里斯波阿[Antônio Francisco Lisboa]和弗朗西斯科·德·利马·塞尔凯拉[Francisco de Lima Cerqueira]设计，并采用新环境下的材料忠实地按计划实施，这些材料往往比葡萄牙坚硬的花岗岩更适合于表现精致的细节。

新教世界

我们将会看到18世纪天主教宗教艺术史的波涛汹涌之势，这一声势浩大的潮流从意大利发源，穿越欧洲中部，在法国和西班牙形成了许多漩涡和池塘——而这一切的源头意大利，却陷入了相对的平静之中。新教世界表明了一种不同的图像——地方喷泉努力喷涌，情形各异，品种繁多，此起彼伏，波澜壮阔。建造新教教堂不是为了赞美上帝的荣耀，而是为崇拜他的仆人提供居所。在大多数新教国家，成千上万的教堂大量而充分地供给此类居所，自宗教改革前以来，它们就随处耸立——其建筑的绚丽多姿之势有所减弱而没有增强。人们没有任何动力去重建这种教堂——事实上，除非它们倒塌或焚毁。除了这种（不罕见的）意外事件之外，建造一所这样的教堂的合理理由是举办一次圣会的需要。可能发生这种情形的典型情况就是城市快速扩张，或者在由天主教主导的国家容忍新教人口入侵。

1700年以后，在建设新教教堂的国家中，英格兰无疑独占鳌头。1666年伦敦大火曾经制造了一场危机，它不仅涉及伟大的主教堂（圣保罗教堂[St Paul's]）的总体重建，而且涉及50余座新教区教堂的建设。到1700年重建工作几近竣工。然而，1710年在安妮女王[Queen Anne]的统治下，大臣官员发生了人事变动，这在伦敦掀起了一场国家资助教会建筑的运动，不过这一次目的是在迅速扩张郊区的同时补充教堂住所。在这场新运动中，领军人物是尼古拉斯·霍克斯莫尔，他依照《1711年法令》[the Act of 1711]建造了六座教堂，它们奏响了凝聚原创性和力量的插曲。霍克斯莫尔的建筑很大程度上源自他的老师克里斯托弗·雷恩爵士，他是火灾后重建的天才人物；但是他具有一种强烈显著的个人风格，一种罗马式巴洛克风格的感觉，对古建筑更加深奥的领域和中世纪建筑都怀有浓厚的兴趣。在1714年至1729年间，他建造了斯皮塔佛德医院广场[Spitalfields]的基督教堂[Christ Church]（图73），他能够把哥特风格的八面锥形尖顶[broach spire]与罗马多立克式柱廊[Doric portico]结合起来。在另一座教堂莱姆豪斯[Limehouse]的圣安妮教堂[St Anne]（图74），塔顶的灯笼式天窗可以解读或者直接解读为对林肯郡[Lincolnshire]波士顿[Boston]的圣博托尔夫教堂[St Botolph' s]的哥特式灯笼式天窗的复述，或者解读为对雅典式[Athenian]“风之塔[tower of the winds]”的浪漫重温。

还有另一位英国建筑师，他的最终影响力在整个英语世界无论如何高估也不为过，他就是詹姆斯·吉布斯[James Gibbs]。他几乎是他那一代人中唯一到过罗马的建筑师，他的第一座教堂是伦敦河岸街圣母教堂[St Mary-le-Strand]（在1714年至1717年间依照上文提及的《1711年法令》建造），反映了他师从卡罗·丰塔纳所做的研习成果（图75）。它看起来像一座天主教堂，可是事实上我们知道吉布斯秘密皈依旧的宗教信仰。这座教堂受到了严厉的批评，而吉布斯后来的杰作田野圣马丁教堂[St Martin-in-the-Fields]（1721年至1726年间）则展现了一种截然不同的方法（图76、77）。它建有伟大的罗马式柱廊，也采用了雷恩风格的尖顶，凭借这些它立刻被接受为英国圣公会崇拜的教堂典范。它在整个不列颠群岛、在美洲殖民地、在印度和最终甚至在澳大利亚处处被人模仿。

73

74

73、74、75. 在新教的英格兰，伊尼戈·琼斯和雷恩的古典主义传统定期地受到巴洛克风格的影响；但是“英式巴洛克风格”包括一种建筑，对于这种建筑而言，“巴洛克”只适用于对更明确的术语的需求。这尤其适用于霍克斯莫尔的教堂，它们雄伟的建筑姿态把古建筑的理念与来自英国中世纪的元素结合起来。上图：斯皮塔佛德医院广场的基督教堂和莱姆豪斯的圣安妮教堂的尖塔，它们建造于1714年和1730年间。右图：伦敦河岸街圣母教堂，建于1714年至1717年间，由詹姆斯·吉布斯设计建造，这是一座受巴洛克风格影响颇为明确的教堂。吉布斯曾经在罗马师从卡罗·丰塔纳。

75

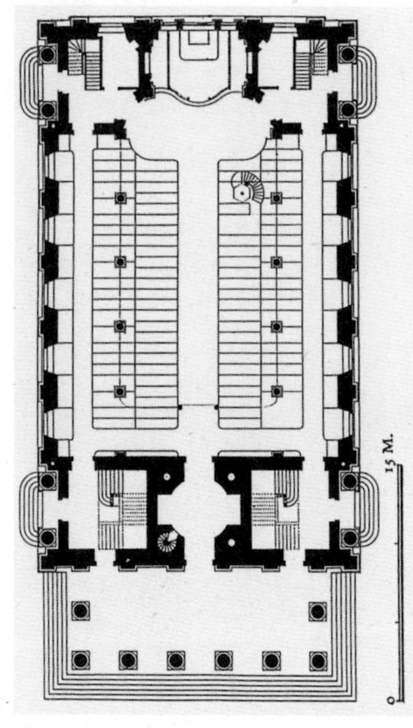

76

77

人们可能会认为，如英语一样如此强大且完美无缺的教堂建筑流派，除了少数雷恩式尖塔（1729年至1735年间的柏林圣苏菲亚教堂[Sophienkirche]是一个很好的例子）之外，会在欧洲大陆的新教国家发现模仿者，但情况并非如此。英式教堂往往倾向于依照老式的中殿—走廊[nave-and-aisles]范式构建，经常采用短小的高坛[chancel]。路德教会和改革教会两者都表现出对中央集中空间观念的明显偏好，在阿姆斯特丹和哈勒姆[Haarlem]的17世纪的教堂以及1656年约翰·德·拉瓦利[Johan de la Vallée]在斯德哥尔摩[Stockholm]的令人印象深刻

76、77. 在吉布斯后来于1721年至1726年间设计的伦敦田野圣马丁教堂中，巴洛克风格的精神已经逃离，我们有了一座庄严肃穆的古典主义庙宇，雷恩式的尖顶穿透屋顶：一个备受诟病的处理手法，尽管如此，这在整个英语世界颇受青睐。

78. 史密斯广场的圣约翰教堂，建于1714年至1728年间，由托马斯·阿切尔设计，这是显示罗马巴洛克风格的确切知识的极少数英国教堂之一。它的塔是可以证明的博罗米尼风格[Borrominesque]。

78

的衍生物卡塔里纳克卡教堂[Katarinakyrka]中，这一点被展示出来。1707年，西里西亚[Silesia]允许新教信民修建自己的教堂，他们依照这种斯德哥尔摩范例的希腊十字架平面规划[the Greek cross plan]，由查理十二资助并定夺。教堂中央空间的先入为主，最终导致了这一世纪前半叶在英格兰境外的一座真正强大的新教教堂落成——德累斯顿圣母教堂[Frauenkirche at Dresden]（图79—81）。这座教堂由德累斯顿的民间机构委托建造，由市政建筑师乔治·巴哈尔[George Bähr]设计，在1725至1743年间建成，其意图明确要与选帝侯奥古斯都的邻近宫廷的豪华壮丽相媲美。它结合了中央空间集中理念的大胆处理与高大柱式的巴洛克风格的哗众取宠两种特征。在四方体的主体建筑上，高耸着一个巨大而陡峭的砖石圆顶，它由八个拱组成的回环支撑，貌似岌岌可危的样子，在拱柱之间形成像剧院中那种上耸的拱廊。精妙细腻的小尖塔

79

80

81

79、80、81. 德累斯顿的圣母教堂，于1722年按照乔治·巴哈尔的设计破土动工，他是一位工匠建筑师，开始时是一名木匠。他制作了一座中央集中型的平面规划教堂，有高大的巨型窗户和纤细的支框，这导致形成了一个巨大的穹顶和灯笼形状，还有四角塔楼[turrets]。圆顶主导着德累斯顿的城市景观，直到1945年在空袭中被毁坏。内部也同样具有戏剧性；座位呈阶梯式的排状[tiers]处理，类似一座歌剧院的楼厅包厢[circles]，中央讲坛[pulpit]看起来似乎连续不断。

[spirelets]从广场的角落，迎着穹顶袅袅升起。在德累斯顿的城市景象中，这座教堂以自己的方式摆出了与在茨温格一样奇异的姿态。但它在战争中全部损毁，这是一个悲剧。

18世纪中叶以后，欧洲的教堂建筑历史，无论是天主教还是新教，都既不集中也无有效的连续性。在每一个国家，18世纪末期的教堂建筑往往都倾向于两者之一：或者是厌倦古老乏力的传统的流离失所的散兵游勇，或者在新的建筑理论的大背景下进行其他令人吃惊甚至令人痴迷的冒险。这些理论是什么，它们在何种程度上确立起一种标准，能够判断包括教堂在内的所有建筑，这是我们现在必须转而思考的问题。

第四章 | 风格的多样性

直到最近，18世纪中叶以后的欧洲建筑才被定性为属于“复兴的时代”。这延长了19世纪的一种概念，即每个时代都应该有它自己的风格[*style*]，从某种角度而言，如果一个时代没有自己的风格而不得不从其他时代借鉴，那么这一时代就有失正常了。人们没有看到，一种古老风格的复制再现，可能只是和新风格的创造一样，是意义重大的“历史性”行为，可能反映了对其他事物的态度的深刻转变，而不是风格的改变。我们所关注的这一时期的情况就是这样。1750年左右艺术领域的明显变化，更多关系到欧洲人对其历史性过去的重新定位，而与风格的关系较少。

建筑中的复兴主义[Revivalism]几乎不再新颖了。300年来，罗马世界的建筑曾经是一切合法努力的基础。罗马价值观以其被阐释的方式被认为是毋庸置疑的。但是，这个地位存在内在的不稳定性。依恋古典文化意味着依恋历史，依恋历史意味着视野朝着四面八方无限扩大，直到罗马的独特性开始消融在整个欧洲过去更加普遍的、复杂之至的视野中。到1750年，研习古建筑的学子们认识到了优先性，预感到希腊艺术在艺术上的优先地位。随着旅游的延伸与拓展，随着实践考古学的肇始，罗马世界自身范围内的风格多样性愈发彰显，表露无遗。而且研习中世纪史的学子假如不欣赏哥特式的正式价值，那么也开始欣赏哥特式意图的严肃性。

位居新形势心脏地带的是对一种以罗马为权威的信仰的取代，

82. 由伯灵顿勋爵设计的约克大会堂代表了自觉的回归古代建筑规则[formulae]。这一设计基于所谓的“埃及式大厅”，维特鲁威做过这样的描述，帕拉第奥做过这样的阐释。

人们相信有（或可能有）多种权威——罗马式[Roman]、希腊式[Greek]、哥特式[Gothic]，以及对于这个问题而言还有中国式[Chinese]和印度式[Indian]。风格的多样性立刻导致了做出多种选择的可能性；在这种情况下还产生了风格折中主义[eclecticism]。人们可以探索和利用这样或那样的风格。风格与风格之间可以相互结合。而且，最重要的是，一旦允许历史风格的比较研究的合法性，就不可抗拒地出现了新风格[*new style*]的类似物。这可以被看作一种个人风格、一种民族风格或者干脆看作源自所有风格的一种理性抽象表现形式。在某种深刻的意义上而言，这种办法明显是为了迎接建筑革命。

习惯性地用于描述从这种情况下兴起的建筑一词是“新古典主义风格[Neo-classical]”。到目前为止，这是在误导，因为它似乎以牺牲这场运动更深刻的哲学和美学品格为代价，来强调考古和复古主义的元素。不过，考古学[archaeology]是最重要的；确实，重新定位的整个过程有赖于考古学。

系统考古调研是文物的单纯发现和收藏的发展，这发生在18世纪中叶。具有里程碑意义的是：1752年凯吕斯伯爵[the Comte de Caylus]的《文物年鉴》[*Recueil des Antiquités*]第一卷出版；1755年温克尔曼的《希腊美术模仿论》[*Gedanken über die Nachahmung der griechischen Werke*]面世。凯吕斯和温克尔曼两人都相信希腊艺术具有优越性，以“高贵的单纯[noble simplicity]”优越于罗马艺术。这不是建筑师-蚀刻家皮拉内西的观点，然而他做出了不亚于任何人的努力，去揭示和展现古建筑界的财富。皮拉内西将他的天赋奉献给罗马的如画般重建和对罗马古迹的宏伟图释。他的《罗马古迹》[*Antichità Romane*]于1748年出版（图83）；他的《雄伟瑰丽论》[*Della Magnificenza*]于1761年出版，此书倡导罗马建筑的庄严和多样性，反对振兴希腊建筑。

也是在这些年中，人们开始收集来自希腊和罗马世界的新材料。

在波旁王朝的资助下，庞贝城[Pompeii]的发掘工作在1748年开始。然而，这些都瞄准器物和绘画的恢复，庞贝古城的建筑必须花费长时间等待认可。雅典[Athens]古迹被更为迅速地投入流通中。法国人朱利安·大卫·勒罗伊[Julien David Le Roy]在1758年出版了《希腊最美历史古迹》[*Les Ruines des plus beaux monuments de la Grèce*]（图84）；四年后雅典斯图尔特[Stuart]和雷沃特[Revett]的《雅典古迹》[*Antiquities of Athens*]的第一卷接踵而至（图85）。同时，罗伯特·伍德[Robert Wood]带领一个流派到叙利亚，1753年出版了巴尔米拉[Palmyra]的详细记录；1757年出版了《巴尔贝克古城》[*Baalbec*]（图87）。1764年，罗伯特·亚当[Robert Adam]关于斯巴拉多[Spalato]（斯普利特[Split]）的戴克里大帝先宫古迹[the Palace of Diocletian]的调研报告面世。

在对古典主义的往昔极大拓宽的回顾中，有一个令人困惑的选择，尽管它有减损罗马历史悠久的阐释者的权威——塞利奥[Serlio]、帕拉第奥、斯卡莫齐[Scamozzi]甚至维特鲁威自己——的效果，但是它没有为未来的建筑提供任何新的指示。然而，一个新指示已经存在于科迪默的合理主张中和他后来的普及者劳吉埃身上，这在前面的篇章中已经提及。劳吉埃, 在他作为所有建筑的辉煌原型的原始小屋形象中，秉持着绘画和雕塑中那种“高贵的单纯”的理想，正在朝着与温克尔曼相同的方向前进。劳吉埃和温克尔曼两人都承认希腊至高无上的地位，虽然他们两人都没有在他们的重要著作中涉及关于希腊建筑或者事实上正宗的希腊雕塑的任何详细信息。而且甚至当勒罗伊、斯图尔特以及雷沃特在他们的豪华开本中提供了这样的信息时，我们也不能说这对建筑产生了立竿见影的影响。在18世纪的欧洲大陆，几乎没有对希腊建筑严格准确的模仿。在英格兰还稍多一些，但是完整全面的“希腊建筑复兴”只有在1800年之后才开始。

83

84

83、84. 对过去的探索最早由艺术家和考古学家做出，随后由建筑师做出，这种探索发轫于18世纪下半叶。无可抗拒的古罗马例子，最终让位给古希腊范例。上图：皮拉内西的君士坦丁凯旋门[Arch of Constantine]蚀刻版画[etching]，选自《罗马古迹》，1748年发行。下图：雅典城的雅典卫城山门[the Propylaea of the Acropolis]，选自1758年由朱利安・大卫・勒罗伊出版的《希腊最美历史古迹》。

85

86

87

85、86、87 左上图：雅典城的风之塔，选自1762年至1816年间由詹姆斯·斯图尔特和尼古拉斯·雷沃特出版的《雅典古迹》。右上图：前庭[vestibulum]的门廊，选自罗伯特·亚当的作品《斯巴拉多的戴克里大帝先宫古迹》[*The Ruins of the Palace of the Emperor Diocletian at Spalato*]，1764年出版。下图：巴尔贝克古城[Baalbek]遗迹景观图，选自罗伯特·伍德的《巴尔贝克古城遗迹，或者叙利亚的赫里奥波里斯太阳城》[*The Ruins of Balbec, otherwise Heliopolis in Coelosyria*]，1757年出版。

“高贵的单纯”

建筑领域的新古典主义的真正本质在于，“高贵的单纯”理念与古典主义元素的合理应用的理想组合。建筑师心中怀着这些理想，在他们眼前自然应该不断出现高贵、简洁和理性的最终图像，那就是古典的神庙。对于劳吉埃而言，尼姆[Nimes]的方屋[Maison Carrée]是一座完美无瑕的建筑物。因此，门廊和最严格而纯粹的古典主义柱廊，都变成了整个欧洲教堂和公共建筑的基本特征，正是这些才把像“纯粹模仿主义”[mere copyism]和“冷模仿”[cold imitation]这样无聊的绰号加诸新古典主义运动。但是事实上，这一运动的精神远远强于在具体考古研究方面所体现出来的意义。建筑所服从的这种约束性，引导出一种对新的精确叙述的敏感性——连贯如一的表面、宽大的体块和分割明确的空间。正如布雷、勒杜和索恩[Soane]所展示的那样，这些能够成为一种新的情感表达——一种“表现性的建筑[*architecture parlante*]”，它通过建筑元素创造了建筑物的明确功能。

关于新古典主义的一个显著事实是它具有国际性特征。这样的原因在于，它不是一个国家、一个流派的建筑师的风格产物，而是一种意识形态运动，许多国度的人为此做出了贡献，其原则是很易于传播的。劳吉埃是法国人，温克尔曼是德国人，皮拉内西是意大利人，几乎自一开始，他们每个人的声誉都是国际化的。新古典主义的教义是抽象的、普遍性的，它们违反民族传统，实际上在这一世纪末民族传统的火苗已经快要熄灭了，这时欧洲获得了统一性，它一直保持到19世纪中期，直至浪漫的民族复兴运动的到来。意义重大的是新古典主义与意大利几乎无关。除了皮拉内西之外，没有任何意大利人对此做出实质性的贡献。意大利被声势浩大的游客持续地荡涤，此时意大利的古迹被视为一项国际遗产，被学生一再记录——这些学生也在意大利院校呈现他们的设

88

89

88、89. 两栋英国帕拉第奥风格住宅，由科伦·坎贝尔设计。上图：肯特的梅瑞沃斯城堡，1723年建造。从外部而言，这是维琴察的帕拉第奥的圆厅别墅的翻版，只是梅瑞沃斯城堡的圆顶稍高一点。下图：伦敦附近的旺斯特德别墅，1715年至1720年间建造，建有主导性的科林斯柱式门廊，坎贝尔声称这是英国第一座真正意义上的神庙式门廊。

90

计，连连摘获各项大奖。如果我们试图发现新古典主义运动的根源，那么我们在意大利会一无所获，在法国也确实难有所获。对巴洛克风格最初的断然反叛和对新态度所进行的最早的建筑表现将会出现在英国。

我们已经提过，这一运动倾向于对古代理性进行某些诠释，从1715年起这一运动由科伦·坎贝尔在英格兰倡导，坎贝尔自己的建筑很大程度上依靠帕拉第奥，其中一座建筑肯特郡[Kent]的梅瑞沃斯城堡[Mereworth]在外部几乎准确再现了维琴察[Vicenza]圆厅别墅[Villa Rotonda]（图88）。至于另一栋建筑即被拆毁的旺斯特德别墅[Wanstead]（图89），他提供了一座完全合乎罗马神庙尺度的科林斯

90. 奇西克别墅由伯灵顿勋爵于1725年设计，并连接到他的家庭住宅上，它以圆厅别墅为范本，但是还结合了其他更为深奥的来源。

91. 凡尔赛宫的扩建，由雅克-昂热·加布里埃尔设计——采用他在协和广场上所运用的建筑风格，建成自成一体的块状建筑[self-contained block]（图**164**、**165**），但是与早先芒萨尔的作品并列在一起，他的小教堂见于右侧。

式柱廊。坎贝尔的一位弟子是伯灵顿伯爵[Earl of Burlington]三世理查德·博伊尔[Richard Boyle]。伯灵顿不仅是艺术强有力的支持者，他自己还是一位要求严格、颇为挑剔的设计师。他自己设计建造的奇西克别墅[Chiswick Villa]（图90）是一座建筑风格实验品，引入了源自斯卡莫齐、帕拉第奥和古建筑的元素。更为大胆的实验是约克[York]大会堂[the Assembly Rooms]（图82），它建于1730年，采用了帕拉第奥式的所谓“埃及大厅[Egyptian Hall]”的重建模式。它的古典主义——这是说，它的新古典主义——是丝毫不妥协的；它没有亏欠英国传统的任何情分；从这座建筑落成之后到（比如说）1830年之前，它有可能在任何时候被建立在欧洲的任何地方。

伯灵顿勋爵[Lord Burlington]以及他的朋友兼追随者威廉·肯特[William Kent]及其次要人物的这一整个流派（詹姆斯·吉布斯是不太具有其说服力的唯一主要建筑师），成功地传播了他自己的思想，程度颇广，以至于到1760年，所有层面上的英式建筑，从教堂到农舍和普通街头建筑物立面，都呈现出惊人的一致性。这一运动和它的成果一般被指定为“帕拉第奥风格”，但是绝不能忘记它体现了多少源自其他风格的影响——斯卡莫齐风格、伊尼戈·琼斯风格、古代建筑风格（通过帕

91

92

拉第奥的眼睛），甚至有时有雷恩风格和巴洛克风格。

此时英式建筑影响欧洲大陆的程度问题是一个难题。这可能是一种巧合，在1732年举办的两大西侧立面设计比赛中——罗马的拉特兰的圣乔瓦尼大教堂[S. Giovanni]和巴黎的圣叙尔皮斯教堂——获奖的设计大有英式影响的嫌疑。然而，在这两个案例中，这种影响或许源自雷恩和他的流派。源自英国帕拉第奥主义的具体衍生形式是罕见的。在法国，最明显的相似之处出现在雅克-昂热·加布里埃尔[Jacques-Ange Gabriel]的作品中（图91）。他是雅克·加布里埃尔之子，1742年他子承父职，担任路易十五的首席建筑师。在任职期间，他建造了凡尔赛宫入口处侧翼连接的新侧翼凡尔赛歌剧院[Versailles Opéra]，大兴土木扩建贡比涅[Compiègne]，并在巴黎建造军事学院[the Ecole Militaire]和

92. 加布里埃尔的凡尔赛宫小特里亚农宫，建于1762年至1768年间，它捕捉了一些英国帕拉第奥风格的肃穆威严，但是造型的精巧细致和凸起的平台使其明白无误地属于法式建筑风格。相对于他的年轻的同时代人、“革命的”建筑师布雷和勒杜，加布里埃尔代表了法国古典主义的保守一脉。

协和广场[the Place de la Concorde]的两座雄伟宫殿。当然，这些设计摆脱了哈杜安-孟萨尔的倦怠风格，走向平静和确切的这种与帕拉第奥主义相关的建筑表现，在另一方面，建筑造型总是极力依据法国传统，冷静则体现在佩罗的卢浮宫东侧立面；或许具有英式思维萌芽的加布里埃尔建造的唯一建筑是凡尔赛宫的小特里亚农宫[the Petit Trianon]（图92）。它恰似一座小型帕拉第奥风格的乡间别墅，以法式模式的所有经验重新思考，最终成了一座彻头彻尾的法式建筑。

超越新古典主义

法国朝着新古典主义方向真正重要的进发无关英国的帕拉第奥主义，几位原创性的思想家依据法国传统的背景，追溯到雷斯科[Lescot]、杜塞索[Ducerceau]、菲利贝尔·德洛姆[Philibert Delorme]，由此这一进发才得以实现。在这些人当中，有一位思想家是雅克·日尔曼·苏夫洛，正如我们在上一章节中所看到的，他在圣吉纳维芙教堂（今先贤祠）中承建了一座拱形结构的建筑，它在最纯净的古典主义方面得到完美地阐述。这是一次几乎成功的尝试，企图实现劳吉埃阐述的理想。这种结构胆大妄为，它的任何方面都没有被再次尝试；一位较为年轻的建筑师艾蒂安-路易·布雷[Étienne-Louis Boullée]在作品中进行实验，他采取了一种不同的形式，他设计的布吕努瓦大厦[Hôtel Brunoy]于1772年建造，其立面采用古典主义的拱状入口[propylaeum]，圆拱位于圆柱之间，这违背了所有的传统。但是，在想象力方面，布雷比这更进一步。他真正付诸实践的作品很少，他对新古典主义的主要贡献在于他的理论著作，以及随它们一起构思的令人惊异的系列设计。布雷曾经接受了画家的训练，因而他构思的想法、建筑形式的全部潜力只能在建筑的图画表现中实现，至少在目前如此。他设计了尺寸不可能实现的古典主义合成物，这是他设计的起点，但是在适当之时，他开始抛开古典主义的传统属性，向我们呈现富有戏剧性关系的赤裸裸的几何群体。在这些抽象作品中，最著名的是他提议的艾萨克·牛顿[Issac Newton]纪念碑[Cenotaph]（图93），它包括直径为500英尺的球体，配有柏树通道和由星辰照亮的容纳空间，他通过在表面穿透小孔来打造这些空间。微小的纪念碑本身坐落在由星辰照亮的空灵底座上。

如果不是因为布雷的影响力对下一代具有如此重大的价值，他很可能会被当作一个超级怪胎遭人摒弃。如果我们纵览从1779年以来荣获罗马大奖的那些人物所出版的设计，我们会发现布雷不断从中得到反映，有时被高度模仿。比这更加重要的是，布雷显然是这一世纪最为大胆的创新者之一——克劳德·尼古拉斯·勒杜[Claude Nicolas Ledoux]的出发点。

勒杜出生于1736年，接受了常规训练之后，他进入了辉煌的职业生涯，成为最高社会阶层的住宅设计师，他的设计包括杜巴利伯爵夫人[Madame du Barry]的一所住宅。有些房屋具有一种相当英式的外观，但是它们引人注目地规模宏大，强调了它们所包含的券状结构[volumes]的硬边。1771年，他被任命为弗朗什–孔泰[Franche-Comté]皇家盐场[the Royal Salt Works]工程督察员，他建造了部分仍然幸存于阿尔克–瑟南[Arc-et-Senans]（绍[Chaux]）的设施。到此时他已经开发了和皮拉内西同样既刺激又强大的想象力。1784年，他接受委托建造巴黎海关壁垒[*barrières*]（图94），他遵循以往这种十分奢侈骄淫的方针进行设计，结果他被解雇了。他侥幸逃脱了上断头台的惩罚，并仿效布雷的榜样把自己的思想诉诸笔端，以此了却他的余生（他于1806年逝世）。

1804年，勒杜以对开本的形式出版了他的设计，高妙地立题

93

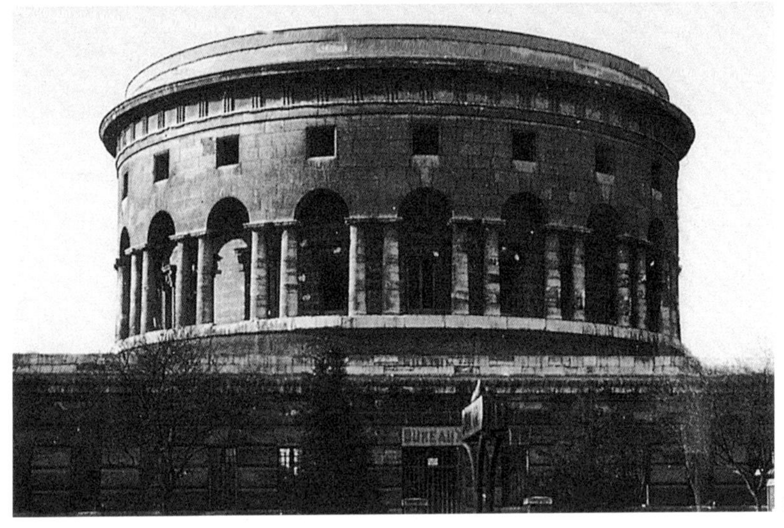

94

93. 1784年艾蒂安–路易·布雷为艾萨克·牛顿爵士设计了一座衣冠冢。在布雷的图纸上，新古典主义的想象力爆棚，飙升到无法建造实现的抽象世界。他相信建筑应当基于“自然”，而对他来说，在建筑的环境脉络中“自然”意味着几何形状。他对年轻一代的影响颇为广泛。

94. 巴黎的海关壁垒，由克劳德·尼古拉斯·勒杜设计。这座海关壁垒属于巴黎城新围墙方案的一部分，纯粹为了征收关税的目的而建造。在勒杜的手中，海关壁垒变成了神庙和葬礼般庄严的亭台楼阁，结合了对几何形式的痴迷关注和在古典主义细节上有点怪诞的味道。

为《在艺术、道德与立法的前提下考虑的建筑学》[*L'Architecture Considérée sous le Rapport de l'Art, des Moeurs et de la Législation*]。这本书酝酿已久，这些设计可能大多属于90年代。这部著作具有双重的重要性。首先，勒杜声称建筑具有绝对自由的一面，他自己的表现水准涵盖在那种自由之内。第二，他充分阐述了出色的乌托邦式工业城市概念，正如在建筑项目中所充分表达的。在勒杜身上我们看到了新古典主义超越了它的考古方面，成为一种皮埃尔·卢梭[Pierre Rousseau]或一种孔多塞[Condorcet]思想的建筑对等物。

95

95. 弗兰茨-约瑟夫·贝朗热设计的巴加泰尔别墅，位于巴黎的布洛涅森林，在1777年为阿图瓦伯爵建造；选自让-查理·克拉夫[Jean Charles Krafft]的《民用建筑集锦》[*Recueil d' architecture civile*]，1812年出版。据说贝朗热在64天内建造了这座建筑，赢得了与玛丽·安托瓦内特打赌的赌注。他也是一位杰出的园艺设计师。

96. 巴黎萨尔姆别馆，由皮埃尔·卢梭在18世纪80年代初为腓特烈·萨尔姆-基尔贝格王子[Prince Frederick Salm-Kyrberg]设计。正如在这里所看到的，在面河的前部，立面肃穆，壁龛[niches]中塑有胸像[busts]，立面被拱点的墙壁凹陷处打破，这反映了在其内部建有一个圆形沙龙[salon]。在另一侧，建有六根圆柱的门廊伸入一个有廊柱的庭院。

96

在勒杜那一代，没有其他建筑师尝试这样惊人的创新了。法国建筑依然坚持其悠久的传统，雅克·弗朗索瓦·布隆代尔[Jacques François Blondel]有自己的工作室，许多人（包括勒杜）都在那里接受训练，被灌输了适度节制的思想。然而，从1775年左右开始，追求几何体的质朴无华，并结合一种具有考古学态度而有时却离奇使用古典主义的装饰，这种总趋势是明确无误的。这些年代的赞助人是极度复杂且严格的一种类型，他们具有追求辉煌新奇的强烈偏好。许多天赋被挥霍浪费在巴黎市内和周围郊区的住宅和别墅上，这些建筑极少幸存下来。贝朗热[Bélanger]的巴加泰尔别墅[Bagatelle]（图95）位于布洛涅森林[the Bois de Boulogne]，它是一个明显的例外。当时轰动巴黎的一座建筑是1769年至1776年间雅克·戈登[Jacques Gondoin]建造的医学院[Ecole de Médecine]（图97），未加调整的爱奥尼亚式柱廊朝向私密，其完美的门廊和演讲大厅就像一座半先贤祠。另一座是1782年至1786年的萨尔姆别馆[Hôtel de Salm]（现为荣誉军团总理府）

97

（图96）。在1789年之前的公共建筑中，一些最突出的建筑是剧院。事实上，建于1777年至1780年间的维克多·路易斯[Victor Louis]的波尔多[Bordeaux]大剧院通常被认为是第一座伟大的现代剧场，它建有马蹄状大礼堂，还有设计布局得足够辉煌的音乐厅以及接待区（见第126页）。

艺术、自然和哥特风格

我们可以说，巴黎还一直算是新古典主义在这个世纪最后几十年的发展中心。然而，在帕拉第奥主义盛行的多年间，英格兰已经完善地建立起自身建筑的独立性，对新古典主义进行了自家的阐释。在这些看

97. 巴黎医学院，建于1769年至1776年间，由雅克·戈登设计。面街前部的爱奥尼亚柱式连续环绕在大院子的四边，穿过科林斯柱式门廊蜿蜒开来。在它背后是演讲厅，平面规划得就像一座古代建筑风格的影院，还有基于先贤祠的一座半圆顶。

法之中，最为有效的属于名为罗伯特·亚当[Robert Adam]的人，他是一个苏格兰建筑师世家的主要成员，在意大利逗留了4年，师从克莱黑索[Clérisseau]，主要受皮拉内西的影响，之后于1758年回归英国征服伦敦。此时建造庞大的帕拉第奥乡村别墅的时尚刚刚度过了高峰期。追求简朴冷酷而气势雄伟的外部构造的兴趣，让位给对典雅内饰的新标准的渴望，正是在对现房重新规划和装修方面，亚当才立名扬威。亚当的平面规划是对伯灵顿风格的详尽阐述，但是“亚当风格[Adam style]”既源自古建筑墙壁与拱顶装饰的主题，又源自一些16世纪意大利艺术大师的主题，它是对两者的一种轻盈和谐的融合。在像西昂府邸[Syon House]、米德尔塞克斯[Middlesex]和德比郡[Derbyshire]的凯德尔斯顿会堂[Kedleston Hall]这样的王侯豪宅中（图98、99），我们可以看到这种特有风格的最佳表现。但是，这些都远不及他的一些规划熟练的城镇住宅，波特曼广场20号[No.20 Portman Square]（现为考陶尔德艺术学院[Courtauld Institute of Art]）是其中最为出色的设计。

亚当几乎完全独立，不受法国影响。在另一方面，他的主要同代人及对手威廉·钱伯斯爵士[Sir William Chambers]曾经师从J.F.布隆代尔[J.F.Blondel]，他修改帕拉第奥传统，其方式有点趋向雅克-昂热·加布里埃尔的风格样式。他的主要作品伦敦萨默塞特宫[Somerset House]（重建容纳政府办公室的一座宫殿）（图100）相当别具一格，但是缺乏纪念性特征，这却是英式建筑在雷恩和他的直接后继者手下曾经能够成功实现的。事实上，钱伯斯和亚当都不是排名靠前的纪念性巨型建筑的建筑师，其原因意味深长。政治权力被投资在拥有土地的贵族身上而不是王者身上，英国贵族偏爱乡间而不喜城镇。他们热衷于把金钱花费在他们的乡间别墅上，而对修建大城市公共工程兴趣索然，可以忽略不计。此外，1760年之后，正是“别墅”而不是居高临下的豪宅才激起了人们的兴趣，又由这一兴趣延伸至对景观的浓厚兴趣。事实上，

98

99

98、99. 罗伯特·亚当把新的创造性天分带入了室内装潢方面。基于古典母题的宽泛收集，他逐步形成了一种风格，这种风格可以被优雅地尽善尽美（一如伦敦波特曼广场20号会客厅的素描室，上图）或者被赋予更凝重的罗马式庄重感（一如伦敦附近的西昂府邸接待室，下图）。

100. 威廉·钱伯斯爵士的伦敦萨默塞特宫，于1776年至1780年间建在皇宫的旧址上，为国家各部门和学术团体提供办公场所。其规模是民居式的而不是巨型建筑。在风格上它是帕拉第奥风格和雅克–昂热·加布里埃尔的品味的融和体。

100

英国18世纪的景观园艺时尚在整个欧洲的景象，可能比英式建筑所获得的任何成就都更加意义重大，只是帕拉第奥主义的英式概念可能属于例外。

英国在景观园林[landscape gardening]领域发出了倡议，它由18世纪初期的一些文学反叛人物所发起——坦普尔[Temple]、艾迪生[Addison]、蒲柏[Pope]——反对从法国和荷兰继承的布局设计的僵化形式。其结果是建成了威廉·肯特的景观园林，一如在牛津郡[Oxfordshire]的罗夏姆园[Rousham]和白金汉郡[Buckinghamshire]的斯陀园[Stowe]中所看到的那样（图101）。把天然风景[natural landscape]处理为自然景观[natural landscape]，但是改变其特征以强化效果，这一原则很快就被人们广泛接受。从1750年到1780年间，几乎所有伟大的英国公园都经过了兰斯洛特（“大能者”）·布朗[Lancelot（“Capability”）Brown]之手的改造，他扫尽街道和花

101

坛[*parterres*]，根据他自己的景观设想改造地面平面规划。这一远景具体化为一种程式，它环抱新种植的丛丛树木和林带，与新创造的轮廓和人工湖蜿蜒结合。1783年布朗去世后，一位新的执牛耳者在汉弗莱·雷普顿[Humphry Repton]身上崛起，他的景观园艺理论与"如画[Picturesque]"的哲学理念相关，理查德·佩恩爵士[Richard Payne Knight]和尤夫德尔·普莱斯[Uvedale Price]对之详加阐释。他们的做法比布朗的更加微妙，他们批评他未能洞悉每座景观构造的内在特性。对于他们而言这是适当的起点，即一个"经过改善的"景观是去除瑕疵和障碍物之后的大自然的原创作品。正是从布朗与雷普顿开始，被称为

101. 远离正规的园林设计的运动被白金汉郡斯陀园建于1739年和1753年的同一部分的两种景象所阐释。在较早的一种景象中，笔直的小路直通远方，左右两侧以及树木和树篱以几近有序的模式排列。

102. 到1753年，虽然一行行树丛仍然保留在原地，威廉·肯特已经柔化了拘谨的形式，所瞄准的效果是复杂精细的荒野效果之一。左边的小神庙即所谓的"圆厅"是范布勒的作品，但是被改变了。"大能者"布朗曾经在其早期职业生涯中为斯陀园效力。

102

英式花园[*jardin anglais*]的现象在整个欧洲传播开来。早在1767年，布伦瑞克公爵[Duke of Brunswick]表示打算布局一座英式品味的公园。到这一世纪末，采用非正规的植被是一种普遍的做法（图102）。

区别英式景观与法式和欧洲大陆整体的景观的另一个因素是看待哥特式风格的态度。法国人钦佩哥特风格的大胆[*hardiesse*]，这属于结构性成就的问题；而像设计先贤祠的苏夫洛这样的人有时则注重于为哥特式发现古典主义方面的对应风格。当古老的教堂需要新的牧师席、讲坛或祭坛时，它们采用当时的古典主义时尚。在英国并非总是如此，精良的"现代哥特风格"的传统从克里斯托弗·雷恩爵士那里传承下来。威斯敏斯特教堂[Westminster Abbey]的西部塔楼由霍克斯莫尔设计（图103），建于1734年至1745年；1742年，肯特为赫里福德大教堂[Hereford Cathedral]设计了一座哥特式照壁，为威斯敏斯特大厅[Westminster Hall]的法院[Law Courts]设计了内饰。这是一种风格化的哥特式建筑，毫无矫揉造作的考古准确性。正是霍勒斯·沃波尔[Horace Walpole]，他基于历史情感和考古调查，在特威克纳姆

103

104

105

英国出现了哥特风格的复兴[revival of Gothic]，首先是因为需要用适当的风格对古建筑进行扩建，但是后来故意使用哥特式的形式，目的在于唤起历史的浪漫情怀。

103. 威斯敏斯特教堂西侧塔楼，由尼古拉斯・霍克斯莫尔设计，1736年至1745年间由约翰・詹姆斯执行建造。

104. 方特希尔修道院，是威廉・贝克福德的一个梦幻般的中世纪的奢华重现，由詹姆斯・怀亚特设计，建于1796年到1807年间（选自布里顿的《特希尔修道院图释》[*Illustrations of Fonthill Abbey*]，1823年版）。

105. 霍勒斯・沃波尔的草莓山庄画廊，位于特威克纳姆，是哥特风格复兴时期的住宅中最早，肯定也是最有影响力的建筑之一，建于1748年至1777年间。

[Twickenham]，在他坐落于泰晤士河畔[Thames]的住宅草莓山庄[Strawberry Hill]的一系列各种长期即兴发挥中（1748年至1777年间）推出了哥特式复兴（图105）。沃波尔的态度被詹姆斯·怀亚特[James Wyatt]加以专业化，在这一世纪的最后几十年，他建造了大量哥特式乡村别墅、"修道院"和"城堡"，最有名的是为浪漫的百万富翁威廉·贝克福德[William Beckford]建造的威尔特郡[Wiltshire]方特希尔修道院[Fonthill Abbey]，它如同神话一般（图104）。它在1800年开始破土动工——一个世纪的先驱，英国人对待哥特风格的态度在其中发挥了奇妙而显著的作用。

在法国和英国境外，新古典主义的历史几乎处处依赖于在这两个国家所发生的事情。在俄罗斯，叶卡捷琳娜二世[Catherine II]是建筑赞助人，她的建筑规模甚至比她的前任伊丽莎白[Elizabeth]更加荒谬。建造于她的统治初期的建筑或者由法国建筑师，或者由意大利建筑师，或者由两位伟大的俄罗斯人瓦西里·伊万诺维奇·巴热诺夫[V.I. Bazhenov]和伊万·叶戈罗维奇·斯塔罗夫[Ivan Yegorovich Starov]设计，他们曾经一起在巴黎求学，访问意大利。后来，在1779年，她招徕查尔斯·卡梅伦[Charles Cameron]为她效劳（图106），他是二流英国帕拉第奥主义者艾萨克·韦尔[Isaac Ware]的一名弟子；大约在同一时间，她又吸纳了意大利人贾科莫·夸伦支[Giacomo Quarenghi]。出自这些人之手的宫殿和公共建筑，最大限度地实现了在西方将只能出现在各种院校竞赛中提交的图纸上、根本不能成为现实的工程项目。巴热诺夫[Bazhenov]设计的塔夫利宫[Tauride Palace]在它的时代一定曾经是欧洲的法国新古典主义最崇高的例证之一。卡梅伦设计的沙皇别墅的亭子——不可避免地设置在一座英式[à l' anglaise]景观的公园中——是一种采用亚当风格的雄心勃勃的却在技术上虚弱无力的实践。夸伦支在彼得霍夫[Peterhof]的英国宫[English Palace]的实践中又恢复为严肃的帕

拉第奥主义——然而，不太像帕拉第奥，更像他的英国复兴者科伦·坎贝尔。

在俄罗斯大型建筑上出现的问题，和在德国甚至意大利极小型建筑上出现的问题，其实是一回事。处处显露着新古典主义的萌芽，但是很少有加速它们全面表达的机遇。处处嘴上都挂着“高贵的单纯”，但处处都渴望英式风格的公园。但是，直到1800年以后，新古典主义的潮流才在欧洲大地逐渐衰竭。到那时，这一运动的整个特征开始发生了变化。它内在的折中主义已经浮出表面。如果我们环顾18世纪90年代的欧洲，我们可以看到，无论在农村经济的最小结构中还是在都市扩张的席卷性工程项目中，它都正在发挥着同等重要的作用。

茅屋的狂热崇拜

在英国，“风景如画”的哲学理念，已经作为景观运动的一部分被提到。在1794年，它达到了一个关键阶段，佩恩爵士发表了说教诗《景观》[*The Landscape*]，尤夫德尔·普莱斯赋文《风景如画论》[*Essay on the Picturesque*]对他做出了回应。这两部作品主要论及景观，还把对潜伏在景观内部[*within*]的建筑物的好奇心托出水面；它们不仅涉及宏大的府邸和乡绅别墅，而且涉及乡村那些较低层次的建筑物和劳动阶层的住房。这些都是社会安康不可或缺的，同样也是田园风光的如画形象不可或缺的。最简朴的小住宅曾经一直散发着一定的魅力。

107

106. 所谓的“卡梅隆画廊”[Cameron Gallery]是约1780年由查理·卡梅隆在沙皇别墅为皇宫扩建的部分，其相当珍贵的古典主义与拉斯特雷利建筑中嚣张跋扈的巴洛克风格形成鲜明对比（图28）。

107. “小村庄”，凡尔赛宫小特里亚农宫附近的人工养殖场，它是为玛丽·安托瓦内特佯称过简朴生活的幌子而设置的，也几乎是她唯一的建筑赞助之举。她的建筑师是里夏尔·米克[Richard Mique]。

108

塞利奥于16世纪中叶之前在法国撰写了他尚未发表的第六部建筑著作就是专门涉及民居的，他为一座两居室平房提供了设计，称之为“三度贫困的贫苦农民的房子[Maison du pauvre payson pour trios degrés de pauvreté]”。凭借其锥体茅草屋顶和四柱式门廊，它奇异地预言了18世纪末期的一些发明。我们有可能追踪贯穿于两个世纪的茅屋建筑的连续意识，这种意识将塞利奥与启蒙时代相分离，但是它足以满足我们探究其出现的缘由这一目的，它主要出现于18世纪下半叶的法国和英国。

108. 村庄房地产小区，类似于多塞特郡的米尔顿・阿巴斯，建于1774年至1780年间，它有一个实用的目的一安置被土地所有者驱逐的租户（在这种情况下提高他的观点），提供优质朴素的住宅。田园生活接踵而至。

109. 选自莫尔顿的《英国村舍建筑论》图版，1795年出版。在书中笔者痛惜古老村舍的流失，并建议设计新的村舍别墅，以保护农村的特点。

如果不规则花园和景观公园的时尚发源于英国，那么在法国这一时尚几乎立刻就被人采纳，卢梭的读者发现，哲学家那种关于简朴生活的观念在其中得到了巧妙的体现。按照英式风格种植或改良的公园，似乎要求里面的建筑具有同样朴素自然的特色。玛丽·安托瓦内特[Marie Antoinette]的凡尔赛宫小特里亚农宫中著名的“小村庄[*hameau*]”（图107）影响了这些特质，虽然不能说这些特质源于英国或法国的地方特色。

茅屋的狂热崇拜包含几个方面。一方面是纯粹的浪漫多情：茅屋是任意而成的，是由混合材料建成的修补拼贴之作[patch-work]，可以说是从景观中生发出来的。第二，茅屋作为一种理性设计，与劳吉埃的“原始小屋”的感觉存在关联。第三，茅屋源于对农业劳动者需求的研究，具有严格的功能性，被认为是一种经济产业而不是艺术产业。第二和第三方面可以合二为一，通常也的确如此。然后，还存在有趣的社会等级。茅屋可能是通往别墅的中继站，对于物质富足者而言是一

109

110

处宁静的隐居之所。茅屋设计的一大发行商是建筑师约翰·普罗[John Plaw]，他推出了专业用语“农舍装饰”[*ferme ornée*]和“装饰的小屋”[*cottage orné*]，它们是混合物，意思是具有装饰性主张的小房子和法式品位的明确表现。

在英国建筑史上有意识建造的最早茅屋是伴随大型乡村住宅形成村民小组的那些茅屋。其中，最著名的是多塞特[Dorset]的米尔顿·阿巴斯[Milton Abbas]（1774至1780年间）（图108），其中普通住宅为

110. 柏林的勃兰登堡门，建于1789年至1793年间，由卡尔·戈特哈德·朗汉斯[Carl Gotthard Langhans]设计—其灵感源自希腊风格，但是放大到罗马式的规模以便与这座普鲁士首都的政治地位相符。铜质的四马[quadriga]是沙多之作。1868年扩建了横向的侧面柱廊。

三个窗口的开间宽度，茅草屋顶，间距均匀地分布在长山坡两侧。钱伯斯和大能者·布朗似乎都曾经在这一领域一试身手。在约克郡的哈伍德[Harewood]，约翰·卡尔[John Carr]试着对公园大门附近的房地产进行建筑分组（大约1770年）。

然而，对茅屋的狂热崇拜仅在英格兰成功地展现出本色，自1790年左右开始英格兰发行了一系列出版物，这些出版活动大约持续了30年。首先是为对主题功能和经济方面有兴趣的地主所提供的头脑冷静的指南手册，由小约翰·伍德[John Wood]于1782年出版；它出版了三版。更深深植根于风景如画的哲学理念的是詹姆斯·莫尔顿[James Malton]的《英国村舍建筑论》[*Essay on British Cottage Architecture*]（图109），它出版于1795年，其副标题将此书解释为“企图延续原则，即延续原本在机遇作用下产生的那种特有的建筑模式”。对于莫尔顿而言，典型的茅屋是采用半木、砖、防风雨板[weather boarding]和茅草建成的混合物。毫无疑问，通过一系列改建和放大的处理手法，它们结合为一体。他坚持认为，偶然性建筑这种瑰宝正在迅速消失；它们的原则应当被抽象化，并在新的茅屋别墅设计中加以运用。在莫尔顿这里，我们发现了一种茅屋类型，这种类型深受维多利亚时代的郊区投机者的喜爱，直到第二次世界大战，这依然是一种标准的英式产品。

考古学、抽象主义和异国情调

在1800年左右，新古典主义呈现出自身的三种不同特征。首先，存在考古的纯粹主义[purism]，这是巴黎拿破仑一世式[Napoleonic]转型的主要动力，它产生戏剧性的古典姿态，譬如柏林[Berlin]的勃兰登堡门[Brandenburg Gate]（图110）。其次，是存在抽象主义的追求，这引人注目地展现在勒杜的伟大作品中，但是更加明确一些的是

111

约翰·索恩被付诸实践的一些作品，他的第一座建筑英格兰银行[Bank of England]大厅属于1791年的作品，而最尖锐的在于柏林的弗里德里希·基利[Friedrich Gilly]的设计，可惜他在1800年28岁时就英年早逝。第三是存在这样一种新古典主义，它并非古典主义而是倾向于哥特风格、埃及风格[Egyptian]、中国风格、土耳其风格[Turkish]或印度风格。如果把“新古典主义”这个术语用于此类产品似乎是荒谬的，那么假装它们是自主发展的则更加荒谬。在任何情况下，无论它们在哪里

111. 丘园内的宝塔，由威廉·钱伯斯爵士设计，在1757年至1763年间建造。这是由异国情调的建筑群组成的整个画廊中的幸存者之一，这些建筑包括一座“阿尔罕布拉宫”[Alhambra]、一座“清真寺”[Mosque]和一座“哥特式教堂”[Gothic cathedral]，后者是钱伯斯专为威尔士亲王的遗孀王妃在丘园设计的画廊。

112. 波士顿培根山议会大厦，于1793年至1800年间建造，由查尔斯·布芬奇设计。18世纪的美国建筑师必然依赖于欧洲的建筑先例，这里的灵感来源似乎是钱伯斯的萨默塞特宫。

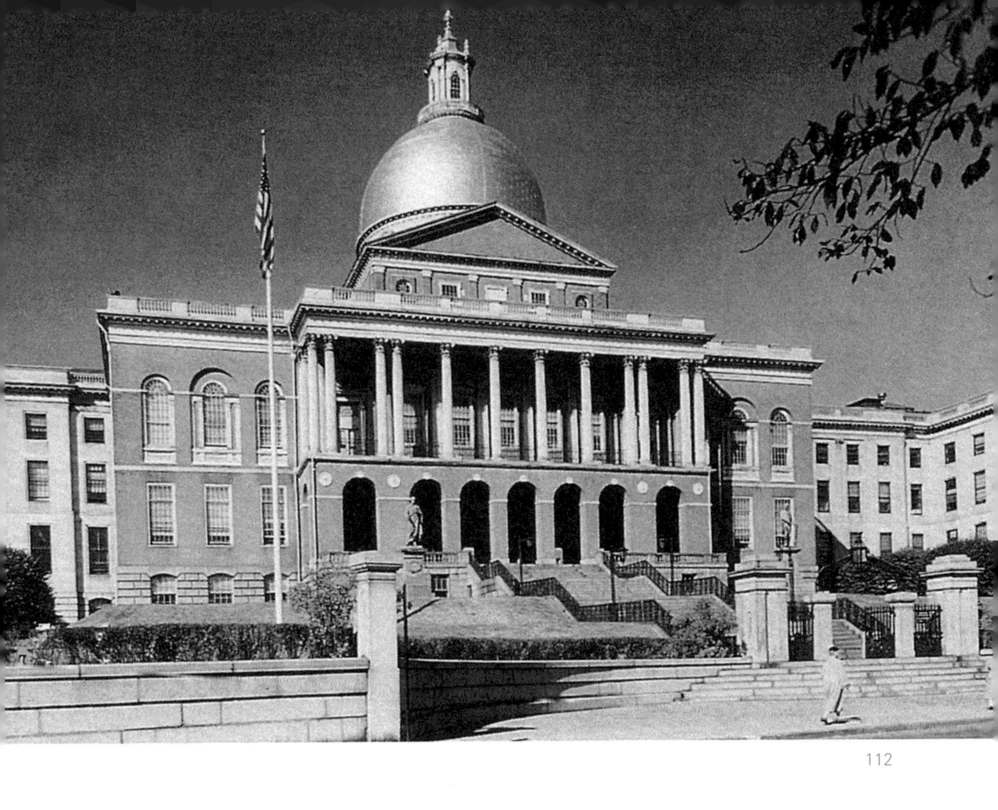

112

被发现，它们都是新古典主义大师的作品，往往确实是主要大师的作品。正是最深谋远虑的、最墨守成规的古典主义者威廉·钱伯斯爵士才设计了英国皇家植物园丘园[Kew Gardens]中的宝塔[pagoda]（图111）。在欧洲的另一端，正是夸伦支才设计了沙皇别墅的“大随想曲”[Great Caprice]（罗马拱上凌驾着中国式小教堂[tempietto]）。我们现在认为这些事物中的大多数都是“愚蠢之举”，但是这种正义颇有问题。为娱乐而不是为使用进行不合理的实验，它们大多如是；但是它们同样是迷失方向的因素，是风格多样性这种意义上的证据，它最终创造了“风格”的问题，这困扰了整个19世纪。

在18世纪的新古典主义呈现出的三种特征之中，考古特征是最持久的、最根本的。矛盾的是，这也被认为是最合理的一个。美国独立战争过后，当托马斯·杰斐逊[Thomas Jefferson]来到欧洲，在他的旅行过程中，他思考着一个新共和国的建筑应有的正确基础，他的思考范

113

围不在英国的当代建筑，而在古罗马神庙的完美范例，这也是劳吉埃的完美理性的象征——尼姆的方屋。因此在1785年，当需要设计里士满[Richmond]的弗吉尼亚州的州议会大厦[State Capitol of Virginia]时，杰斐逊下令采用爱奥尼亚前柱式风格的神庙，它划分为不同楼层，墙壁开设窗户。它可能不是最实用的解决方案，但它是所有优秀建筑中最接近天然来源的一座。“高贵的单纯”已经漂洋过海传播至大洋彼岸。

杰斐逊是一位伟大的业余建筑爱好者。另外一位是查尔斯·布芬奇[Charles Bulfinch]，他不太注重建筑原则。查尔斯·布芬奇毕业于哈佛大学，曾经游览了欧洲（在那里他遇到了杰斐逊），他本人对他的家乡波士顿的建筑发展颇感兴趣，在1793至1800年间他设计了波

113. 费城宾夕法尼亚银行，建于1798年至1799年间，由本杰明·拉特罗布设计。拉特罗布是一位英国移民，他逐渐形成了与索恩的风格不同的一种简朴的几何形古典主义。这座银行建筑是他最早的作品之一。

士顿培根山[Beacon Hill]上的议会大厦[State House]（图112）。它反映了伦敦萨默塞特宫的特色，布芬奇设计的所有作品都源自同时代英国的源泉。欧洲意义上的专业建筑师此时在美国尚未出现。只有在这一世纪的末年，他才登台亮相，特别是在本杰明·亨利·拉特罗布[Benjamin Henry Latrobe]身上，身为总统的杰斐逊任命他担任“公共建筑测量师[Surveyor of the Public Buildings]”这一新设立的职务。拉特罗布来自约克郡，但是祖先源自宾夕法尼亚[Pennsylvania]。他在伦敦师从S.P.科克雷尔[S.P. Cockerell]，在苏格兰东部沃什湾西面和南面的沼泽地带[the Fens]师从斯密顿[Smeaton]，他由此掌握了一流的技术经验，在英国可能已经做得非常优秀了。但是，他先遭受丧亲之痛，随后破产接踵而至，这把他逼至美国。他的风格是热情奔放、富有想象力的新古典主义，不像早期的索恩，但是除了建于1798年至1799年的宾夕法尼亚州银行[the Bank of Pennsylvania]（图113）之外，他的职业生涯大多属于19世纪。然而，也不完全是。他在新首都华盛顿[Washington]的中央纪念碑——国会大厦本身——的建设之际这一关键时刻抵达美国。在1798年，它已经部分建成。先后有三位建筑师相继负责这项工程，附有翼楼的巨大圆形建筑的原则已不可逆转。三位建筑师中的第三位乔治·哈德菲尔德[George Hadfield]拒绝接受其前任的作品，但是遭到解雇。拉特罗布接手后，国会大厦的完成（不过，不是以目前的形式）堪称他职业生涯中最伟大的手笔。然而，华盛顿的故事是我们将在适当的时机返而复述的一项内容。

第五章｜建筑与社会：启蒙运动

在本书的开篇，我们就提出了一个粗略的概括，把18世纪前半叶打上“巴洛克风格”的标签，把“新古典主义”的标签钉在后半叶上。另一种概括沿着这样的轨迹设置：有人说，教堂和宫殿是上半叶的主要建筑展现，下半叶主要展现了公众建筑和机构大楼。到目前为止，我们一直沿循着我们第一种概括的主题——即风格[*style*]。第二个主题的要求——即类型学[*typology*]——现在必须谈一谈。我们必须探询在这个世纪的过程中出现了何种新类型建筑，或者何种古旧类型引起了特殊的重视。

类型的创建是一个社会问题，也是一个文化氛围的问题。18世纪是“启蒙运动”的世纪，这是一种熟悉的表达，但它决不能不言自明，如果我们试图去分析它，它会变得复杂至极。我们可以求助于一些伟人——牛顿[Newton]和洛克[Locke]、伏尔泰[Voltaire]、孟德斯鸠[Montesquieu]、休谟[Hume]、卢梭、狄德罗[Diderot]——但是假如我们正在思考建筑，我们不会找到显而易见的方法把他们的思想与我们在建筑的世界所进行的事情联系起来。“启蒙运动”不是一盏普及的泛光灯，这是由哲学概念逐渐扩散至实际日常生活的观念之后，这些观念被人们接受，而后如何形成新态度、新看法的问题。譬如，它可以进入任何积极聪明者的思想中，认为既然牛顿通过更高智慧层面的锻炼，曾经解决所有时期（它似乎正是如此）的宇宙[Cosmos]问题，那么这一

114. 拜罗伊特宫的宫廷剧院，建于1742年至1748年间，由朱塞佩和卡罗・加利・比比恩纳设计。这里是18世纪中期剧院的典型形式，马蹄形包厢朝向舞台，建有一个镜框式[picture-frame]的拱形结构[proscenium arch]，其中包括幕布、拱形墙等舞台前部装置。这一装饰华丽的侯爵包厢的位置安排得恰到好处，为观看透视景象提供了最佳视角。

思想的同一结构如果缩减到普通能力和日常问题，他就可以同样自信且确定地解决这些问题。换句话说，人们可以用一种开明的视角来看待社会，在这种视角中，技术、艺术、法律及其惩罚措施、行政技巧等，都以一种新的人道主义和（用此时的词汇来说）慈善[bienfaisance]的眼光得到刮目相看（在常识还并不寻常的年代，bienfaisance就是一种关于慈善的常识）。

启蒙运动的高潮在这一世纪中叶到来——像在文学艺术领域一样地出现在建筑领域。1751年至1752年，狄德罗的《百科全书》[*Encyclopédie*]的第一卷，“启蒙的”意见《大全》[*Summa*]出版；1753年劳吉埃的《建筑论文集》出版；1757年苏夫洛开始建造圣吉纳维芙教堂（先贤祠）。从那之后，我们开始辨别主要建筑师之间的“开明的”态度。某些建筑类型比其他一些更容易改变。针对我们现在的目的，已选定了以下类型：剧院、图书馆、博物馆、医院、监狱和商业建筑。

剧院：公共的和私人的

在这一世纪初期，巴洛克风格剧院在意大利是一种全面发展的类型，已经被北方城市模仿。然而，有必要区分两种类型：私人宫廷剧院和公共剧院。在一般情况下，这两种建筑有同样的平面规划形状，但是它们的规模和性质不同。宫廷剧院较小，通常为复杂的宫殿建筑群的组成部分，所以没有要求展现外部装饰。公共剧院则占据了城市中一个显眼的地点，在外观上往往是一件建筑展品。私人剧院，花费统治王朝的金钱成本建造，意在追求舒适与优雅。公共剧院则旨在创造奇观，更重要的是，取得最大的座位容纳量，因为公众剧院通常依赖于私人包厢的融资。在许多情况下，观众席的三个立面完全排列着包厢，每个立面甚至以多达六层包厢的形式出现。

115. 慕尼黑王宫剧院，建于1750至1752年间，这是弗朗索瓦·居维利埃的杰作之一，他的作品已经被图释（图24、25）。这里的平面规划与建造是合乎传统的，建筑的艺术性在于洛可可风格的装饰，当建筑物被炸毁时，这些装饰得已拯救。

115

这一世纪中期的宫廷剧院包括巴洛克风格后期和洛可可风格的一些最精致的艺术作品。著名的拜罗伊特宫廷剧院[Bayreuth]（图114）洛可可风格内饰（1742年至1748年间），由意大利人朱塞佩[Giuseppe]和卡罗·加利·比比恩纳[Carlo Galli Bibiena]建造；在慕尼黑颇为相似的王宫剧院[Residenz theater]（1750年至1752年间）（图115），由弗朗索瓦·居维利埃建造。它们都是最著名的剧院建筑。波状起伏的水平线、花饰缭绕的圆柱和雕刻精美的亚特兰蒂斯[Atlantid]人物，这些使王宫剧院成为洛可可风格的成就制高点。它在第二次世界大战中被毁坏，后来被小心翼翼地重建。这种宫廷风格的其他府邸剧院还存在于波茨坦、施韦岑根[Schwetzingen]、莱茵斯堡[Rheinsberg]、德国夏洛滕堡[Charlottenburg]和威斯巴登

116

117

118

116、117、118. 18世纪下半叶的三座宫廷剧院，这时新古典主义的品味已经继承了巴洛克风格。左页上图：瑞典德罗特宁霍尔姆宫剧院，建于1764年至1766年间，由卡尔·腓特烈·阿代尔兰茨[Carl Fredrik Adelcrantz]设计。这里没有游廊，只有一个开放的花坛[parterre]以容纳观众。左页下图：瑞典的格利普霍姆堡歌剧院，建于1782年，由埃里克·帕尔姆施泰特[Erik Palmstedt]设计。形状由圆形塔决定，它建在圆形塔内。上图：凡尔赛宫中的歌剧院，建于1763年至1770年间，由雅克-昂热·加布里埃尔设计。剧院内的包厢行列结合了自由耸立的爱奥尼亚式圆柱的所谓的“圆形剧场”。

[Wilhelmsbad]；以及捷克斯洛伐克[Czechoslovakia]的克鲁姆洛夫城[Cesky Krumlov]和瑞典[Sweden]德罗特宁霍尔姆宫[Drottningholm]（斯德哥尔摩附近）（图116）。它们全都拥有适度的规模，几乎全都建有平坦的天花板，上面装饰着采用错觉透视艺术手法[illusionist perspective]的绘画。在意大利，位于那不勒斯附近的卡塞塔剧院[Caserta]（1752年）规模更加宏伟壮观。而凡尔赛宫剧院（1763年至1770年间）是一种完全特殊的情况（图118）。它由雅克-昂热·加布里埃尔设计，建有宏大的爱奥尼亚式柱廊，柱廊围绕上部游廊扩展开来，通过一个内凹[cove]造型与平坦的天花板相连。在瑞典的格利普霍姆堡[Gripsholm]（1782年），新古典主义复仇般地突破，因而我们有了一座天花板用花格镶板的[coffered]半穹顶[semi-dome]覆盖的小礼堂[auditorium]（图117），它的座席模式效仿了希腊手法的“圆形剧场”[amphitheater]。

在18世纪下半叶，正是公共剧院登上了建筑雄心和“开明的”形式的最高峰。譬如，在意大利，米兰的公爵剧院[Teatro Ducale]在1714年至1717年间重建，它有五层包厢，1776年它再次改建为斯卡拉歌剧院[La Scala]，拥有六层包厢，由建筑师朱塞佩·皮尔马里尼[Giuseppe Piermarini]建造（图119）。截至此时，这是世界上规模最大的剧院，可容纳4000名观众（举办舞会时或者达到7000人）。斯卡拉至今仍然矗立着，但是皮尔马里尼的装饰已经改变了。它的外观是一种严肃庄重的新帕拉第奥主义风格。几乎属于同一类型但年代较早的是博洛尼亚[Bologna]剧院，1756年由安东尼奥·比比恩纳[Antonio Bibiena]设计，他是伟大的透视绘画法艺术家[scenographers]世家的另一位成员，这座建筑有四层包厢，它们都安排在一系列叠加状的[superimposed]拱廊[arcades]内，恰似一座由内向外翻版的罗马竞技场[Roman Colosseum]。

119

到1750年，在法国，公共剧院已成为一个广为流行的机构，这反映了人们社会意识的提高，它们兼收并蓄了以前专门投注于教堂的很多忠诚。这就是马里沃[Marivaux]、博马舍[Beaumarchais]和法国感伤喜剧[*comédie larmoyante*]的剧院。先贤祠的建筑师苏夫洛建造了里昂剧院[Lyons]，它于1754年开始破土动工，第一座剧院位于一座岛上，它的平面规划拥有充足的门厅[foyer]和公共房间。它在1828年被焚毁。1772年动工建造法国最大的剧院之一波尔多大剧院[Grand Théatre]（图120—122），由建筑师维克多·路易斯主导设计这一令

119. 米兰斯卡拉歌剧院的小礼堂，由朱塞佩·皮尔马里尼设计，建于1776年至1778年间，建造规模空前浩大。在这样的环境中亲密关系的损失带来了一种新的表演和演唱风格，这在当时激起一片哗然。

120

121

120、121、122. 波尔多大剧院[Grand Th é âtre]，1772年破土动工，由维克多·路易斯设计。这是一座建址在岛屿上的主要公共建筑物，它为下一个世纪的剧院建筑设定了风格。上图：礼堂，由巨型柱穿插间隔，上面覆盖着浅形圆顶。左图：主立面。右页图：巨大的楼梯间。

122

INTERIEUR DE LA NOUVELLE SALLE DE COMEDIE FR

123

123. 佩尔和德·瓦伊设计的1770年巴黎新法语喜剧院建筑工程的剖面图，这座剧院后来被称为奥德翁剧院。这座剧院设计的模式直到20世纪中叶基本保持不变。在右侧，一个宽敞的门厅通往两个宏伟的楼梯间，它们可通往楼厅环形空间和包厢，在门厅上面建有一个两层的开放沙龙。圆形礼堂（在建造时修改为更合乎传统的U形）含有几个包厢层，顶部有一个更宽大的“圆形剧场”。宽敞的舞台面积（左图下方）容纳了舞台布景和机械装置。

人印象深刻的奢华贵气的市政建筑。像苏夫洛在里昂一样，路易斯在处理时也有一个岛屿建筑场址[island site]，十二根圆柱构成的柱廊在主体建筑立面一字排开，拱廊穿透侧面和后面。礼堂是一个截断的圆圈形状；一根科林斯式的柱子向上升高，穿过三层包厢，结果它给人的印象是，它类似一座巨大的圆形神庙。但是礼堂占据了大楼面积相对较小的部分，其中包含一个椭圆形的音乐厅、许多公共房间，以及在法国最宏伟的楼梯间之一，楼梯通往省长的包厢。

波尔多剧院揭幕仅仅两年之后，新法语喜剧院[Comédie Française]（从1797年更名为奥德翁剧院[Odéon Theater]）在巴黎开设。这座剧院是由巴黎市政府[Municipality of Paris]出资，在皇室内务府[Royal Household]的两个部门的资助下建造而成的。建筑师是佩尔[Peyre]和德・瓦伊[de Wailly]（图123）。他们的风格几经调整，比维克多・路易斯的风格更接近古典主义。这里又有了一座雄伟的柱廊（这一次是多立克柱式[Doric]），拱廊穿过两侧和背面。礼堂采用比波尔多剧院更加近似于"圆形神庙"的理念——甚至到了这种程度：两个分离柱出现在本身就是开放型的舞台[proscenium]上（然而它们是可拆卸的）。而且有迹象表明，正在向光顾剧院的新兴资产阶级做出让步：包厢立面是连续的，而且分别提供了包厢移动分区，以便于毫无困难地创建游廊。

这两座剧院代表了法国乃至欧洲剧院设计的极高水准。原则上可以说，从此以后的一个多世纪内，剧院设计再也没有显著的发展进步了。

在英格兰，剧院建设在不太有利的背景中前进，虽然加里克剧院[Garrick]和谢里登剧院[Sheridan]的时代提供了大量的公众热忱。剧院要求皇家赞助，并得到专利许可，但是这并不意味着皇家提供资金；伦敦剧院全都是由股东集团发起的投机行为。市政剧院默默无闻。特鲁

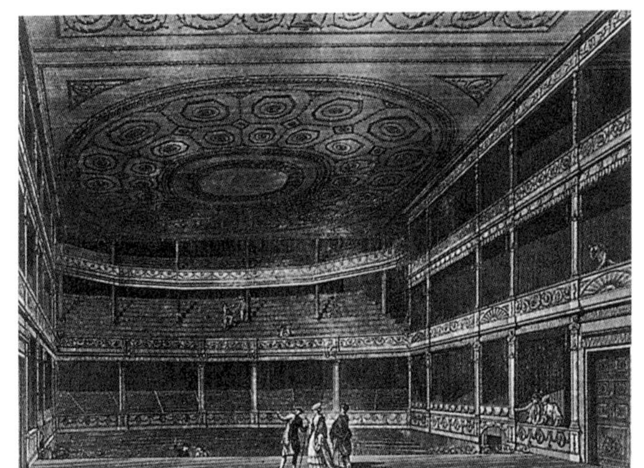

124

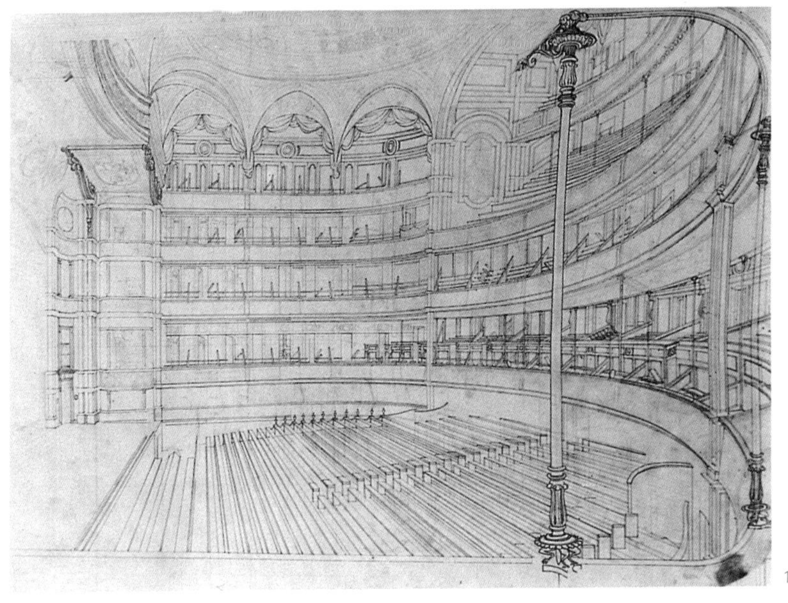

125

124、125. 伦敦特鲁里街剧院。上图：罗伯特·亚当重新设计的早期剧院，建于1775年至1776年间（这幅图版中人物塑像选自罗伯特·亚当和詹姆斯·亚当于1788年出版的《建筑作品》[*Works in Architecture*]，为了夸大剧院的规模，这些人像被制作得很小）。下图：一如1792年亨利·荷兰德重建的样子，这是一座更大的建筑，各个楼层都由铁柱支撑。

里街剧院[Drury Lane]（图124、125）最初由雷恩设计，1775年至1776年被加里克手下的罗伯特·亚当改造，建有扇形观众席，两侧有三层包厢，后面有两个游廊，平坦的天花板装饰得看起来像一个花格镶板的圆顶。在欧洲大陆这可能称得上优雅，却是胸无大志的宫廷剧院范式。1792年由亨利·荷兰德[Henry Holland]为谢里登剧院重新扩建，它更符合欧洲大陆的标准，有五层包厢，一排斜面式的正厅后排座位[raking pit]，后面有四个游廊。关于它也许最有趣的——和最英式风格的——特点是包厢和游廊立面由最纤细的铁圆柱支撑，其形式类似古色古香的烛台。

第一座在任何地方都接近巴黎标准的伦敦剧院是干草市场[Haymarket]的国王剧院[King's Theatre]，它于1790年由建筑师波兰迈克尔·诺夫谢尔斯基[Michael Novosielski]重建，他把马蹄式[horseshoe planned]礼堂平面规划引介到英国。这座剧院于1894年拆除，让位给现在的英国女王陛下剧院[Her Majesty's Theatre]。

图书馆和博物馆

正如人们所期待的那样，图书馆在启蒙运动时代起到了显著的作用。然而，直到19世纪，作为一种独立的单一用途的图书馆建筑仍然罕见。情况是这样的，沃尔芬比特尔[Wolfenbüttel]的布伦瑞克[Brunswick]安东·乌利奇公爵[Duke Anton Ulrich]的著名图书馆早在1706年至1710年建成，在不止莱布尼茨[Leibniz]一个哲学家的监督下建造，它是一座独立建筑物。佩夫斯纳[Pevsner]称之为“世上曾经有过的第一座完全超脱世俗的图书馆”。它包含一个椭圆形的阅览室，里面整齐地摆放着一排排藏书，阅览室在一个矩形结构中上升到环形窗口，上面覆盖着穹隆式的屋顶。1887年它被拆毁。

这个世纪的下一座伟大的图书馆是维也纳[Vienna]的哈布斯堡宫廷[Habsburg Court]图书馆，是皇家图书馆[Hofbibliothek]，它由菲舍尔·冯·埃尔拉赫设计，建于1722年至1726年间。它与沃尔芬比特尔图书馆具有共性，有椭圆形中央空间，但是椭圆形被处理成横跨[*across*]矩形的形式，结果这一平面规划有点类似于这一时期的大修道院教堂，在椭圆形“袖廊”[transept]的两侧都建有一个“中殿”[nave]。书架全部靠墙摆放，分为两层，有悬臂游廊用于接近上层书架。

维也纳宫廷图书馆的后继者是一系列巴洛克风格和洛可可风格图书馆（图126—128），它们由那些富裕的德国和奥地利的修道院所建造，这些教堂我们已经给予了一定的关注。这些图书馆以反改革[Counter-Reformation]的理想为目标，而不是追求启蒙运动的那些理想。它们属于一种开始于17世纪的传统，一座图书馆呈长条大厅状，靠墙壁整齐排列着书籍，这种类型的图书馆替代了中世纪的图书馆体制，那时书架从墙壁上凸出形成学习的“摊位[stalls]”。这些书可以在两层上获取，从游廊伸出的上层，被华丽的悬臂支撑，像在梅尔克[Melk]的图书馆（约1730年），或者被圆柱支撑，这样的安排是为了陈列图书，像在奥托博伊伦[Ottobeuren]的图书馆（1721年至1724年）那样。天花板不可避免地总是有华丽的石膏作品，它们封闭了绘有图画的镶板。后面的例子是阿莫尔巴赫图书馆[Amorbach]，这里的装饰空前繁华，但是采用了路易十六的风格予以呈现。

这种类型的修道院图书馆不仅在奥地利建造，而且在德国、瑞士和葡萄牙各地建造。事实上，科英布拉[Coimbra]、马夫拉和葡萄牙的图书馆，建于1716年至1717年间，它们属于最早的一批图书馆。在新教的英格兰，最近似的是牛津大学[Oxford]万灵学院[All Soul' College]的科德林顿图书馆[Codrington]（图129、130），它在1715年开始破土动工：一个200英尺长的大厅，几乎所有的窗户都开在一面，

126

另一面几乎排满图书；没有绘画或建筑雕塑之类：一种极其“新教式”的版本。

然后，又是在牛津大学，出现了这一世纪最卓越非凡的图书馆建筑之一——拉德克里夫图书馆[Radcliffe Camera]（图131）。这是由一位成功的医师约翰·瑞德克里夫[Dr John Radcliffe]遗赠建造的。霍克斯莫尔最初构思了一座有穹顶的圆形大厅，后来吉布斯设计为一个附有档位的长廊，属于雷恩设计的剑桥大学图书馆的一脉，最终圆形建筑模型被采纳，但是霍克斯莫尔去世之后，吉布斯重新设计了它。作为一座图书馆，它是奢华的，摆放书籍的空间被限制在一个围绕开口的中央空间的凹室内。毫无疑问它被设想为献给拉德克利夫的一座纪念碑[cenotaph]，他不仅捐赠了这所大学建筑而且捐赠了一间医务室和一座天文台。他是具有启蒙运动特色的人物，而吉布斯几乎不是。

127

三座巴洛克风格图书馆，它们的建筑表现十分重要，至少不亚于提供图书。

126. 德国巴伐利亚州的奥托博伊伦修道院，建于1721年至1724年间，由约翰·迈克尔·菲舍尔设计。

127. 维也纳宫廷图书馆，建于1722年至1726年间，由约翰·伯恩哈特·菲舍尔·冯·埃尔拉赫设计，一个复杂的空间被拱和巨型圆柱分隔开来。

128. 奥地利梅尔克图书馆，建于大约1730年，雅各布·普兰陶尔设计。它占据了左侧翼楼，在图45中朝着河边突出。

128

129

130

131

129、130. “英国巴洛克风格”流派的两座图书馆：霍克斯莫尔设计的牛津大学万灵学院的科德林顿图书馆，在1715年破土动工（左页上图），和吉布斯设计的拉德克利夫图书馆，也是在牛津，1737年破土动工（左页下图）。科德林顿只是书籍的一个简单容器；拉德克里夫图书馆更多的属于一座恩人纪念碑。

131. 拉德克里夫图书馆的建筑外观。独立式的圆形图书馆的构思是由雷恩在他的剑桥大学[Cambridge]三一学院图书馆[Library of Trinity College]的未建计划中推出的；它被霍克斯莫尔采纳，吉布斯随后在拉德克利夫图书馆遵循了霍克斯莫尔的做法。

在18世纪后期，有许多建造皇家或大学图书馆的建议，但是无一伟大的成果得以实现。

与启蒙运动具有特殊联结性的建筑类型是公共博物馆。博物馆理念可以追溯到文艺复兴时期，它在16和17世纪凝聚为一股势头，这时伟大的罗马家族囤积大理石古董作品，在自己的宫殿、庭院或花园中展示它们。然而，这类收藏的目的远不像我们所理解的博物馆的收藏那样。这更多的是为了满足收藏品主人的自豪感和希望加入古代的黄金时代的渴望之情。这样的藏品不向公众开放，但是外貌出众的学者，携带着介绍信，通常可以获准进入。在17世纪人们还收藏绘画，并将其悬挂在为了这一目的而建造的长廊中。

到18世纪初，这种收藏曾经在德国太子党之间蔓延盛行，在各地区的宫殿中都建有艺术画廊，从萨尔兹达勒姆宫[Salzdahlum]（1688年至1694年）开始，到伟人腓特烈大帝[Frederick the Great]1756至1764年的无忧宫[Sans-Souci]，几乎贯穿整个世纪，直到18世纪末。在英国发生了同样的事情，雕像、石棺、骨灰瓮、花瓶这些品类繁多的收藏品，都收藏在专门设计的画廊中，在像约克郡的霍尔克姆[Holkham]（1734年）和纽比[Newby]（1767年至1785年，由罗伯特·亚当扩建）这样的府邸中。虽然自由获取受到了限制，但是大多数英国收藏者在这一问题上像他们的欧洲大陆同行一样展现出同样的慷慨胸怀。

除了收藏绘画和雕塑的画廊之外，在德国有一种博物馆类型，它被称为多宝阁[*Wunderkammer*]或珍宝馆[*Schatzkammer*]。这与艺术几乎没有或根本没有关系。它庇护的东西是自然的古玩、变种和怪胎、机械玩具、纪念币和纪念章、古代盔甲和火器。然而，多宝阁不亚于艺术画廊，是它最终确立了博物馆的确切性质。

132

文物首次公开[*public*]展出是在罗马的卡皮托利尼博物馆[Capitoline Museum]，它与卡皮托利纳艺术学院[Accademia Capitolina]相关，这是一所艺术家培训学校，成立于1734年。10年之后，毫无疑问受卡皮托利尼博物馆启发，希皮奥内·马菲公爵[Count Scipione Maffei]开始在维罗纳[Verona]的一个有正方形回廊的多利克式柱廊内形成自己的雕塑收藏。它从一开始就向公众开放。

与马菲的产业类似的是红衣主教阿尔巴尼[Cardinal Albani]在罗马附近建造的别墅，它规整却更有气势，基本上是私人的，它在1769年竣工。这座别墅由一位几无名气的建筑师卡洛·马尔基奥尼[Carlo Marchionni]设计完成，它在细节上是巴洛克风格，但是采用或多或少的新古典主义精神进行创作。主体前面是一列规则的九开间，一楼建有

132. 罗马阿尔巴尼别墅，第一座专门建造的博物馆。它在1769年竣工建成，由卡洛·马尔基奥尼为展示红衣主教阿尔巴尼的雕塑收藏品而建造。这个视角出自皮拉内西的设计。

133

133. 卡塞尔腓特烈博物馆，由伯爵领主腓特烈二世创立，并于1769年破土动工。它包含了一座图书馆、一些文物收藏品，同时展出了具有科学价值的物品。该博物馆由法国人西蒙·路易斯·杜·鲁设计，它一开始就对公众自由开放。

一座凉亭[loggia]，上面是一个长廊，后面两个楼层都有套房房间。它不像一座住所，而更像一座博物馆；红衣主教和他的教廷将在那里度过一整天的时光，晚上返回罗马。1758年，阿尔巴尼任命约翰·约阿希姆·温克尔曼[Johann Joachim Winckelmann]担任他的图书馆管理员和文物保管员。早在三年前，约翰·约阿希姆·温克尔曼论述希腊绘画和雕塑中模仿问题的著名论文已经出现了，他很快成为欧洲古文物研究学术领域启蒙运动的领袖。随着由温克尔曼负责，这座阿尔巴尼别墅[the Villa Albani]（图132）成为欧洲最先进成熟的博物馆。卡罗·卡瓦瑟皮[Carlo Cavaceppi]受雇修复古董雕像，这些古董被按照类型学系列进行分组。它们有些被内置到马尔基奥尼的装饰性室内建筑中。摆在房间中明显位置的一件物品是蒙斯[Mengs]的《阿波罗和缪斯》[*Apollo and the Muses*]，一幅新古典主义绘画领域中的开拓性作品。

到1760年，建造一座伟大的公众[*public*]和国家[*national*]的艺术与文物的博物馆，这个想法已然成为启蒙运动的理想之一，这一理想事实上已经实现了——却不是以建筑形态实现的。然而，大英博物馆[the British Museum]此时尚未创立。直到1753年，英国议会通过一项法案，授权购买（通过公开抽签的方式）汉斯·斯隆爵士[Sir Hans Sloane]收藏的自然类藏品，并建造和获取合适的建筑物容纳这些收藏品，以及收藏已经掌握在政府手中由科顿[Cotton]和哈利父子收集的文稿和图书[Harleian]藏品。所有藏品都将为“所有的好学之士和好奇之人”随意自由地浏览。政府购买了一座废弃的公爵府布卢姆斯伯里[Bloomsbury]蒙塔古大厦[Montagu House]，用于接收它们，因而大英博物馆在1759年第一次敞开了大门。

大英博物馆不得不再等待60年才能拥有自己的家，但是这一免费的国家级艺术和科学的宝库则代表了一种蔚为壮观的进步。也许正是这种模式启发了黑塞[Hesse]的伯爵腓特烈二世建造用他的名字命名的卡塞尔[Kassel]腓特烈博物馆[Museum Fredericanum]（图133）。这是与在私人宫殿中安插画廊的王侯传统的分离。腓特烈博物馆是独栋建筑，严重违背古典主义的建筑原则，自始之初就奉献给市民享用。可以肯定这是在伯爵的直接控制之下，在这座建筑中有他自己的书房，因此它几乎不是“国家的”，但是它被组织成一个公共机构，看起来也像一个公共机构。入口立面建有宏伟的柱廊（在博物馆的历史上尚属首次），它在一定程度上具有44年后建造的慕尼黑古代雕塑展览馆[Munich Glyptothek]的氛围。

卡塞尔博物馆的一楼原本是专门陈列古董雕像的画廊。它上面是图书馆。其他地方的房间专供收藏自然标本（矿物、海洋植物、蝴蝶等）和古玩珍品（钱币、钟表等）；乐器和蜡制品也被展示出来，所以它具有多宝阁的元素。这里是从视觉方面而言未来的国家博物馆可能呈现的形象。

此时，在罗马出现了不同的却并非完全无关的种类。这就是梵蒂

134

冈[Vatican]的克莱门蒂诺庇护八角亭博物馆[Museo Pio-Clementino]（图134），它由克莱门特十四世[Clement XIV]创立，由庇护六世[Pius VI]完成，用于接收罗马教廷[papacy]拥有的大宗大理石古董，其中很大一部分仍然展现在室外。这一博物馆包含一系列大厅，部分大厅按照布拉曼特[Bramante]的八角美景宫[Belvedere Court]的南北中轴线方式，部分按东西轴线走向，两条轴线在一个加盖了圆顶的圆形大厅[rotunda]相交汇。整套建筑采用了古代温泉[*thermae*]（浴场）的精神，每座大厅的形状都是一个独特的古代建筑类型。这一最纯粹的新古典主义作品的建筑师们包括米开朗基罗·西蒙内蒂[Michelangelo

134. 在1773年和1780年之间，建筑师西蒙内蒂和卡马珀雷斯为梵蒂冈宫殿扩建克莱门蒂诺庇护八角亭博物馆，用以容纳罗马教皇无与伦比的文物收藏品。其建筑风格承袭了罗马模式，为文物提供相应的摆放位置。

Simonetti]和朱塞佩·卡马珀雷斯[Giuseppe Camporesi]，它在1780年竣工。大厅不对一般大众开放，但是凭介绍信通常可以安全入场。克莱门蒂诺庇护八角亭博物馆立即成为欧洲最受尊敬的博物馆建筑。但是事实证明，它的建筑面积不够大，无法满足梵蒂冈的需求。在1806年至1823年间一座新的博物馆画廊建成，它由拉斐尔·斯特恩[Raffaello Stern]设计，横跨整个八角美景宫内院[Cortile del Belvederre]。

到18世纪结束时，"国家博物馆"的理念正在由学院苦心培育。为1778年至1779年间第一届罗马大奖设置的主题就是设计一座博物馆。这一方案规定了三个部门：科学、人文和自然史，附有打印室、奖牌柜、保护自然物的场所和馆长居所。这些设置大部分依据大英博物馆的脉络。然而，具有重要意义的是古典主义的古代风格没有被授予其传统的优先权：博物馆要求具备专门具体的现代化功能。

1783年，布雷基于同样的理念创造了一份奢华的设计，但是在独特性方面，它们围绕中央空间组装，专门用于展现伟人雕像。随着大革命的爆发，公共国家博物馆服务于人民的思想得到承认，这使法国卢浮宫成为国家艺术殿堂，现在它依然如此。

医院和监狱

贯穿启蒙运动史上的金线是"慈善[*bienfaisance*]"，它仅仅简单地意味着渴望使社会更加合理、更人性化，这种精神在任何其他建筑区域都没有更多活动余地，唯独出现在医院和监狱的平面规划中。这两种类型的机构建筑都是供被剥夺了自由的人们所使用的，无论是迫于残疾还是迫于法律效力。这样的建筑计划可能存在很多共同点。两者都可以更大或更小程度地承认人道主义。

先以医院为例。它们的故事必然是相当复杂的，因为在18世纪遗留了这一单词的各种含义。一家“医院”可能意味着一座救济院、一所学校、为患有不治之症的病人或家庭治疗的场所、对疯癫症病人的庇护所或者接收非婚所生子女的场所。它可以是这些当中的任何一种，但是通常18世纪的医院是为穷苦病人提供的大众接收所。富人拥有他们的仆人，可以命令医生看护。穷苦者没有这样的设施，他们彻底依赖慈善。因此，这种伟大的机构出现了，在意大利它们被称为“穷人临终关怀医院”［Albergo dei Poveri］，相当于法国的“神邸”［Hôtels Dieu］（图135）。它们是中世纪机构的后裔，常常由赞助人按富丽堂皇的形式重建。意大利的例子是1750年的热那亚帕马东恩医院［Pammatone］和1751年的那不勒斯穷人临终关怀医院（图136），穷人临终关怀医院由弗雅［Fuga］按照附近卡塞塔皇宫的庞大规模而设计。在奥地利有萨尔茨堡［Salzburg］的圣约翰［St John］医院，它由菲舍尔·冯·埃尔拉赫设计。这些都是巴洛克式建筑，在它们的平面布局中教堂占据中心地位。苏夫洛的里昂神邸是这种建筑类型的另一座；它的宏伟水岸［river-side］立面比伦敦的萨默塞特宫（其灵感大概源于此）更加气势宏伟。但是，到目前为止，这些公立医院中最著名的是巴黎神邸，它之所以著名不仅因为它的规模，而且因为它那里盛行的骇人听闻的恶劣条件。这种每况愈下，从中世纪以来过度膨胀的遗产，逐渐发展成为现代医院历史的发源地。

神邸最初在9世纪建造，已经发展成为一个庞大机构，巴黎所有生老病死的贫民都被安置到这里。它位于巴黎圣母院［Notre Dame］附近，占据了横跨塞纳河的桥梁上的所有房屋，虽然它已经被扩建到南岸，但是仍然不够大，无法满足首都的需求。医疗条件相当可怕：4到6名患者共用一个床位，而且不论他们患有何种疾病；病人死亡率是四分之一。然后，在1772年发生了一场大火，神邸的很大一部分被焚毁。这激发了公众良知，巴黎医院的未来成为管理者和建筑师要仔细审视的问题。在接下来的16个春秋里人们各抒己见，争议不断，这一过程当然是

135

135、136. 私人慈善机构为穷人建立的两家公立医院。上图：位于里昂的神邸的临河翼楼，于1741年破土动工，由先贤祠的建筑师雅克·日尔曼·苏夫洛设计（图62—64）。下图：那不勒斯的穷人临终关怀医院，由费迪南多·弗雅设计，10年之后才破土动工；其庞大的建筑立面很长，甚于附近的卡塞塔宫殿（图31）。

136

启蒙运动史意义重大的一部分。

首先，政府要求科学院提供建议，在建筑师查理–弗朗索瓦·维耶尔[Charles–François Viel]的协同下，科学家让·巴蒂斯特·勒罗伊制定了计划，建造一座位于巴黎郊外的全新医院。对于它的现代性而言，这一平面规划意义重大。单层病房平行排列在院子两侧，远处尽头是一座教堂。特别重视了通风。然而，这一计划没有被采纳实施；1774年，另一项设计出版了，这一次是由外科医生安托尼·佩蒂特[Anotoine Petit]设计。他提出了一个拥有巨大的圆形建筑的方案，在巴黎郊外的贝尔维尔[Belleville]选址。中心有一座圆顶建筑，六排长条状四层楼的病房从中心辐射开来。这一规划也暂时被搁置。

1774年，路易十六成立了一个委员会，全面审查巴黎医院的整个项目。委员会不赞成宏伟的建筑计划，但是认为在各教区建造小型医院要成为首选。1773年，财政部长的妻子内克尔夫人[Madame Necker]在巴黎资助建造了一座小型模范医院。1780年圣雅克德·奥·巴教区教堂[St Jacques–du–haut–pas]的牧师（科钦修道院[the Abbé Cochin]）建造了善终收容所，由查理–弗朗索瓦·维耶尔设计，他的服务没有得到任何报酬。这是一项了不起的设计方案，虽然不是因为它的平面规划，更多是因为装饰它临街前面的希腊多立克式大门，它似乎表明了一种激进的清教主义精神，以这种方法处理一种主题没有风格上的先例可源。由J.–D.安东尼[J.–D. Antoine]设计的博容临终关怀所[Hospice Beaujon]在1784年接踵而至，随后在1785年又出现了一本匿名《备忘录》[*Mémoire*]，它按照佩蒂特的方式采用圆形平面规划，但是有十六排而不是六排径向病房，可容纳5000张病床，它将建在天鹅岛[Isle des Cygnes]上。这一规划的设计者是克劳德·菲利普·科克[Claude Philippe Coquéau]和伯纳德·波耶特[Bernard Poyet]（图137）。伯纳德·波耶特是巴黎市建筑监管员[Contrôleur des Bâtiments]。国王把这

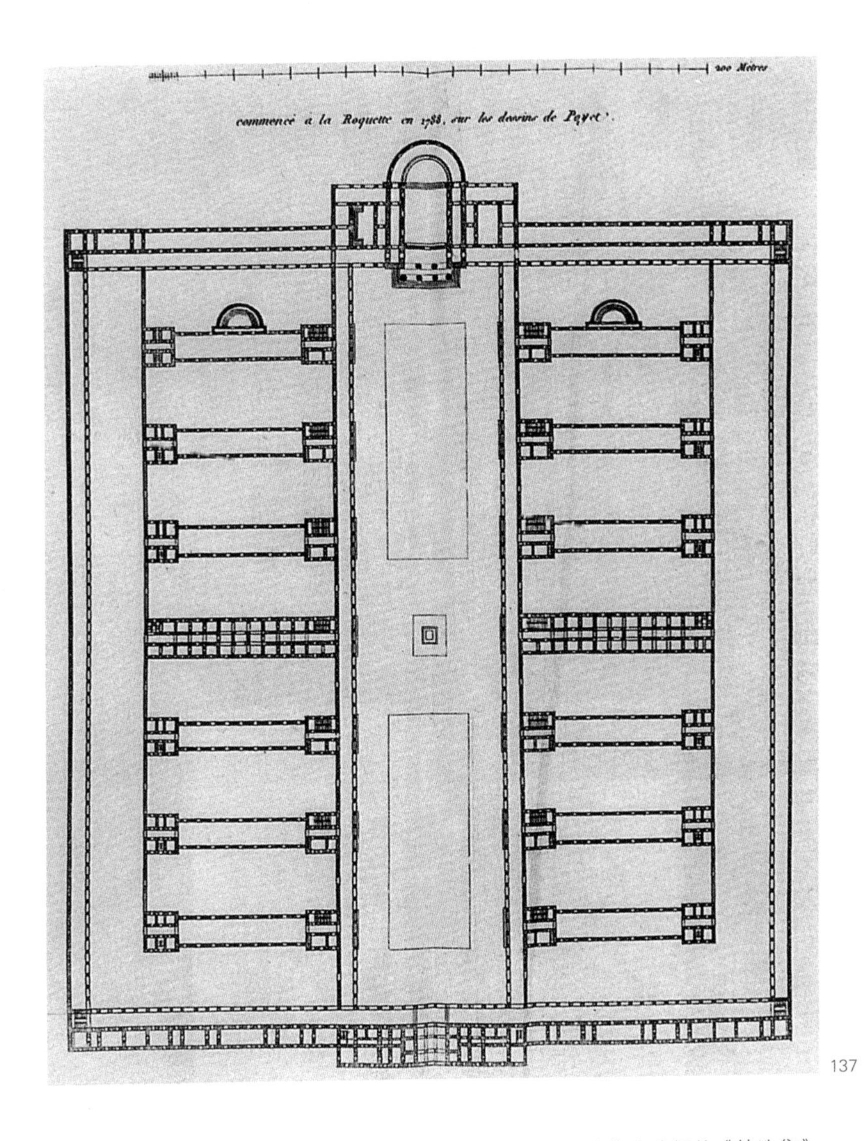

137

137. 伯纳德·波耶特的平面规划，发表于1787年（此图转载自迪朗的《精选集》[*Recueil*]），为巴黎郊区拉罗屈埃特的一家医院而设计。这项设计试图通过合理规划来解决感染和人满为患的问题。这座建筑没有完成，但是它影响了后来的法国医院建筑，使之顺利发展，直到进入19世纪。

138

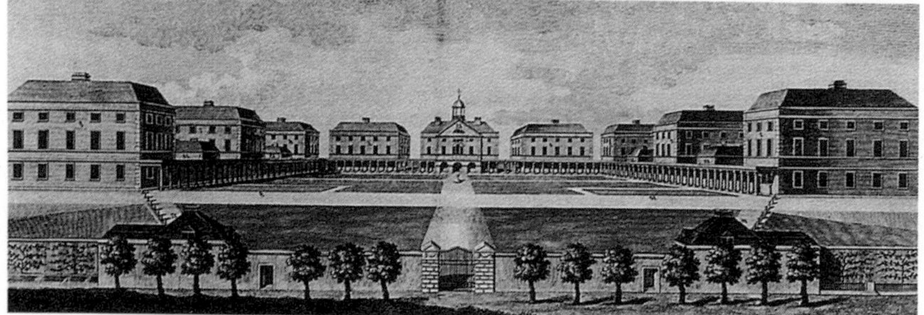
139

140

141

142

在英国，大量的医院在18世纪拔地而起。有些是在中世纪的基础上重建的，其他一些（军队医院）由国家建造，还有一些医院由私人赞助人组成的小型委员会建造。

138—140. 戈斯波特（左页上图）和普利茅斯邻近斯通豪斯（左页中图）的海军医院，两家医院都从18世纪中叶开始破土动工，平面规划规模宏大。斯通豪斯医院采用了隔离亭的原则，以减少感染的风险（前台的两个为清楚起见省略了）；中心建筑物是小教堂。米德尔塞克斯医院（左页下图）于1752年由詹姆斯·佩恩设计，这是一家非常时尚的伦敦医院。

141、142. 育婴堂（顶图）要感恩的源头是托马斯·科勒姆的设计，他的计划推进历经17年之久；它在1742年开业。伦敦医院（上图）是由7位公民组成的集团创立的，他们发出了2000封信函为此事呼吁；它在1748年之后建造。伦敦医院的建筑师是博尔顿·梅因沃林、育婴堂的弃儿西奥多·雅各布森。两人都无偿提供服务。

一计划转发科学院。然而，提交研究报告的委员会拒绝了它，他们表示赞同1777年勒罗伊的设计方案。另一份报告包括波耶特根据勒罗伊的模型设计的修订方案。最后，在1788年出现了J.R.特农[J.R.Tenon]的经典《备忘录》[*Mémoires*]，他是科学院的一名外科医生。特农在波耶特的帮助下，依照波耶特的设计原则，制作了一个医院平面规划，要在巴黎郊区拉罗屈埃特[La Roquette]建造一座医院。它开始动工了，但是从来没有完成，这一计划却被迪朗[Durand]在他的《各类建筑物的参考和汇编：古代与现代》[*Recueil et Parallèle*]*中转载，形成了建造下一世纪伟大的巴黎医院中最伟大者的基础。

特农的《备忘录》[*Mémoires*]有一个趣味盎然的特点，那就是他提到了英国的医院建筑，他在调查期间访问过英国，在那里他发现了优于法国医院的处理手法。譬如，两家精神病医院——贝德兰姆精神病院[Bedlam]和圣路加精神病院[St Luke's]——他宣称据他所知这是最好的。然而，最令他感兴趣的是斯通豪斯[Stonehouse]的海军医院[Naval Hospital]，这家医院的平面规划包括平行病房区，用柱廊相连，三面环绕一座大庭院。这与他自己新近构思的神邸的概念颇具共同之处。

但是，特农也一定曾经被如此众多的英国医院应运而生的方式所打动（虽然他没有做如是说）。它们中的一些，像圣巴塞洛缪医院[St Bartholomew's]和圣托马斯医院[St Thomas's]，都采用古代的地基，由富有的慈善家或者通过公共捐赠资助扩大或重建。只有在格林威治[Greenwich]、切尔西[Chelsea]、戈斯波特[Gosport]和斯通豪斯的海军和陆军医院是由政府出资建造的（图138、140）。从1720年起，英国确定了建造慈善医院的传统。

---

* 《各类建筑物的参考和汇编：古代与现代》全法文书名为*the Recueil et Parallèle des edifices de tout genre, anciens et modernes*。——译者注

143

在英国，第一家慈善医院是威斯敏斯特医院[Westminster Hospital]。它起源于伦敦咖啡屋的一次会面，1719年一位银行家、一位酿酒商、一位宗教小册子的作家和一位非正统的牧师会面了。在这里我们不需要关注它的发展，因为它占用了改建房，直到1833年，在威斯敏斯特教堂对面为它建造了一座伟大的哥特式建筑（1950年拆除）。同样，1740年伦敦医院[London Hospital]由7个人在一家小酒馆的相遇而启动，他们随后发送了2000封信件呼吁世人支持（图142）。同一年，这家医院开始小规模营业，但是在1748年才得以委托建筑师博尔顿·梅因沃林[Boulton Mainwaring]建造了冷峻平淡却依然优雅的庞大砖石建筑物，这仍然构成了医院的主体部分。育婴堂[Foundling Hospital]的创造是托马斯·科勒姆上尉[Thomas Coram]一个人的功劳

143. 1767年建造的索尔兹伯里疗养院，由小约翰·伍德设计，它是大约于18世纪中叶由公民组成的小型委员会募集资金建造的许多省级医院之一。

（图141），他竭尽全力耗费17余年激发民意，获得建筑章程和必要的资金。建筑师西奥多·雅各布森[Theodore Jacobsen]是业余的，无偿提供了他的服务（专业测量师也提供了义务劳动）。医院于1742年开业，因为它的音乐也因为艺术家贡献的艺术作品，这家医院很快就闻名于世。无论是伦敦医院还是育婴院都是朴素、坚实的建筑物，明显行使了厉行节约的手段。然而，米德尔塞克斯医院[Middlesex]是由一小群仁慈的公民所发起建造的另一个例子（图139），1752年它本身建成了稍有建筑特色的家园，从建筑物外饰来看与贵族家庭的城镇住宅没有区别，建筑师詹姆斯·潘恩[James Paine]更习惯于设计这种建筑类型。

然而，慈善医院运动在全国各省真正取得了最显著的成就。在1730年到这一世纪末之间，几乎每一座大城市和乡村小镇都配备了大量大小不一的医院建筑物。有些是有钱人为了行善积德而建（牛津拉德克里夫医院[Radcliffe Hospital]、剑桥的阿登布鲁克医院[Addenbrooke Hospital]），但是它们大多是由地方士绅的小团体组成委员会筹集资金推动而建。其中似乎并无任何独特的建筑类型出现。普通砖墙立面饰以中央三角墙，这是寻常的类型，其构造理念很大程度上适用于乡村大宅。一个例外是小约翰·伍德1767年建造的索尔兹伯里[Salisbury]的疗养院[Infirmary]（图143），这是一座方形大块建筑物，建有中心透光孔，锯齿形栏杆和窗户都大小一致；为了装饰，上面刻有罗马文大写字母的题铭：1767年由慈善捐款支持的综合疗养院。尽管后来国家福利出现了，铭文依然幸存：暗示了18世纪英国启蒙运动中令人印象深刻的各种努力之一。

在18世纪初的典型医院中随处可以见到肮脏、无知和疏忽，突破这种情形的仅有监狱生活的残酷与污垢。监狱是一个有序的体系，把约束和纪律强加给走了歪路斜途的人们，这一概念几乎没有得到认可，遭受谴责的男女被随便关押在任何建筑物内，只要能耗费最少的成本提供必要的安全性——古城堡、门房和过时的建筑物，各种各样，它们都被出于这种宗旨而转手移交作为监狱。囚犯们仍然经常带着铁链枷锁。不在意囚犯的健康，监狱没有足够的光线、通风或供水设施，这种情形是司空见惯的。

英格兰的监狱条件在最伟大的监狱改革者约翰·霍华德[John Howard]的三本著作中被惟妙惟肖地描述出来，其中第一本《监狱之现状》[*State of the Prisons*]于1777年出版。霍华德出生于1726年，为贝德福德郡[Bedfordshire]的一位乡绅，1756年他发现自己沦为葡萄牙战争的囚犯，而且他一被释放，就立刻痴迷于揭露欧洲所谓的文明社会所坚持背过身去置之不理的罪恶。他一再造访英国的监狱以及欧洲大陆上的许多监狱和传染病院。他的著作包含这些监狱的平面规划图，以此为基础他能够顺利地做出报告，以及展现他自己的理想平面设计。他的著作首次出版之后立刻大获成功，导致英国1779年重要立法的产生，到他去世的那一年1790年，一次活力洋溢的改革已经完全改变了这种状况。

并非霍华德1777年之前视察的所有监狱都是万劫不复之地。譬如，在罗马有特建的圣米歇尔监狱[S. Michele prison]，它在1702年至1703年间由卡洛·丰塔纳设计。这是一所青少年犯“感化院”，它包含两座平行的囚室区，它们中间是一间大工作室，囚犯在那里度过白天。在英国有“拘留所[Bridewells]”，它们的独特之处是名称取自伦敦一座废弃的王宫，在伦敦建立了它们之中的第一座拘留所。但是，这些为罪行较轻的罪犯提供的“感化院”往往陷入与寻常监狱相同的状况，被人忽视和不守法度。在佛兰德斯[Flanders]，在根特[Ghent]附近又出现了“力量之所[Maison de Force]”（图144），它于1772年破土动工，作为一所全国性的中心“感化院”。这是依照一个激进的规划建造的，这一平面规划足以媲美法国1772年火灾之后所提议的替代神邸的一些医院平面规划。这或许是在霍华德发挥影响力之前的欧洲最“高级”的监狱建筑。

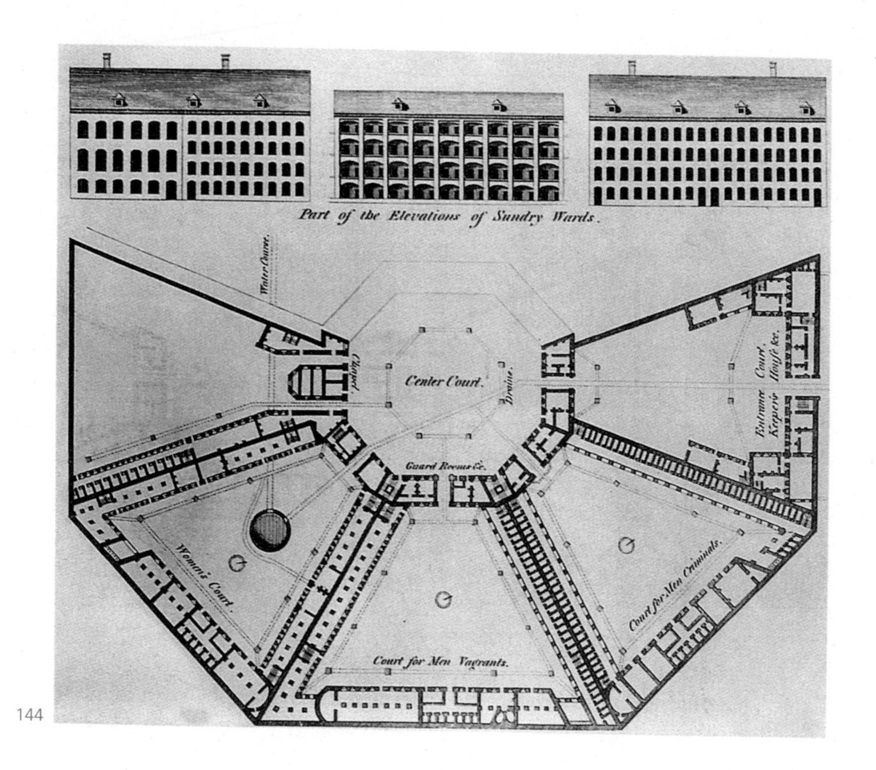

144

伦敦的纽盖特监狱[Newgate]（图146）在1770年至1785年间重建，它可能会被认为是另一个能说明问题的例子。它由三个院落组成，有一处延长的无窗围栏禁地，霍华德似乎已经接受这座监狱拥有足够的条件。然而，纽盖特监狱在另一个方向上主张别具一格。它似乎曾经是欧洲第一所把审美因素考虑在内的监狱。圣米歇尔监狱和根特的“力量之所”，虽然由建筑师规划，但是似乎已经提出了完全功利主义的外观。伦敦城市建筑师小乔治·丹斯[George Dance]接手他的任务，他的方式迥然，试图用他的主题创造一种严肃的诗意建筑类型。也许受皮拉内西的噩梦《卡瑟利异界》[*Carceri*]铜版画的启发（图145），他用

145

146

144. “力量之所”（即监狱)在1772年至1775年间建于根特附近，按照马尔菲森[Malfaison]和克卢格曼[Kluchman]的设计建造。这项平面规划强烈吸引了监狱改革者约翰·霍华德，因为它旨在身心改造而不是惩罚。这一插图选自1777年出版的霍华德的《监狱之现状》。

145、146. 监狱可以是表现性的建筑[*architecture parlante*]的极有说服力的例子，是通过建筑物的实际功能的设计表达。皮拉内西的噩梦《卡瑟利异界》（左图）在1770年至1785年间建造的丹斯的纽盖特新门监狱的戏剧性弦外之音中找到了回声（右图），在监狱入口上方建有严峻冷酷的粗琢装饰和铁质枷锁。

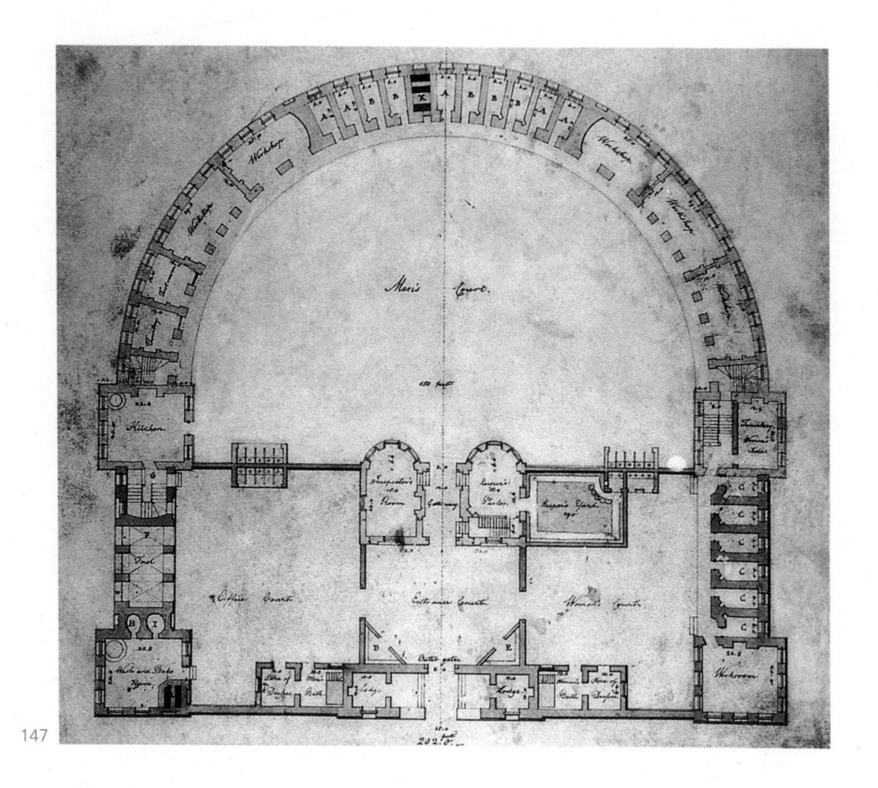

147

朱利奥·罗马诺[Giulio Romano]的乡村生活风格形成了一种带有一丝恐怖之情的严肃情愫；一个值得注意的、气势汹汹的特点正由垂花雕饰[festoons]提供，它由实际的铁枷锁[shackles]组成。纽盖特监狱被数家英国省级监狱模仿，但是到这一世纪末，一种“苏格兰地主大宅角塔式

147. 本杰明·拉特罗布1796年为弗吉尼亚州的里士满监狱设计的平面计划，囚室和工作车间围绕着一个半圆形的庭院。像浴室、厨房等诸如此类的公共办事处被容纳在块状建筑物内，它们围绕着附属庭院，入口建在侧翼。

148. 格洛斯特郡的诺斯利奇监狱，由伟大的监狱建筑师威廉·布莱克本在1787年至1791年间设计。外观为古典主义风格，这座建筑背后的内院采用了一个扇形布局，在开放式庭院中有囚室环绕。这是杰里米·边沁的“全景监狱”的原则。

148

的宏大[baronial]”的风格（当然，从通常用作监狱的中世纪城堡继承而来）逐渐成为首选模式，譬如1791年至1795年间由罗伯特·亚当在爱丁堡[Edinburgh]卡尔顿山[Calton Hill]设计的感化院[Bridewell]。尽管如此，纽盖特监狱的风格传到了新大陆，在那里的弗吉尼亚州[Virginia]里士满[Richmond]监狱（图147），1796年拉特罗布采用铁垂花雕饰标示入口。在法国，克劳德·尼古拉斯·勒杜的表现性建筑[*architecture parlante*]是极富想象力探索的自然终极目的，他设计普罗旺斯地区艾克斯监狱[Aix-en-Provence]时，用边角楼阁[corner pavilions]突显醒目的不祥音符，把它处理成巨型石棺[sarcophagi]形式。

同时，霍华德的著述提出的更加实际的问题开始生效。在英国，1779年议会通过了《监狱教化条例监管法案》[*the Penitentiary Act for the Regulation of Prisons*]，在1782年举行了一次男性和女性监狱的平面规划设计竞赛。这一奖项被一位年轻的建筑师收入囊中，他就是英国皇家学院[Royal Academy]的银牌得主威廉·布莱克本[William Blackburn]。布莱克本立即被设计监狱的各种委托任务所淹没，应接不暇。他生前共设计了不下于17座监狱，直到1790年他40岁时英年早逝。

149

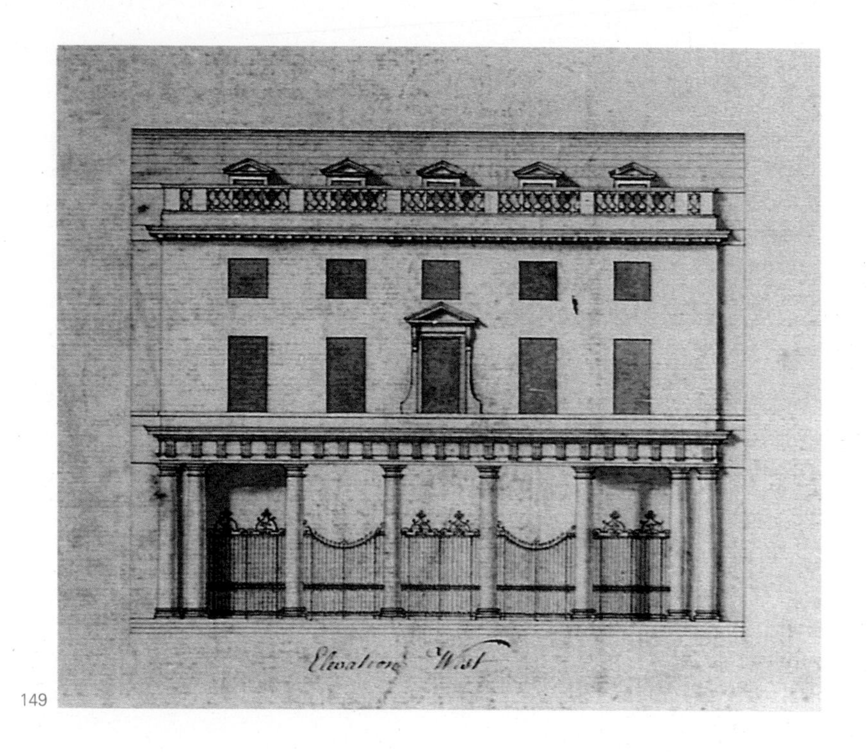

这些设计有的涉及全景监狱[*Panopticon*]的建筑原则，杰里米·边沁[Jeremy Bentham]曾经引用了这一原则，它包含环形或半环形结构，牢房环绕外围，监狱中心设有观察哨位。布莱克本所有的设计都有一种强烈的建筑特点感，它部分继承了纽盖特监狱的形式。在他执行的建筑

149. 位于伦敦马克巷的第一座谷物交易所，由大丹斯在1749年设计。它建有柱廊和锻铁栏杆，外观为帕拉第奥风格，背后建有进行交易的庭院。

150. 巴黎谷物交易所[the Halle au Bl é]: 在几个方面都属于一座开拓性建筑。在1763年至1768年间破土动工，建有一座开放的圆形庭院；1783年，勒格蓝和莫林诺给它覆盖了一个巨大的木质圆顶，在这里可以看到。1813年木质圆顶被贝朗热用更加划时代的铁和玻璃穹顶取代。

计划中，格洛斯特郡[Gloucestershire]诺斯利奇[Northleach]监狱部分得以保留（图148）。

监狱是一种象征，而不仅仅是一个限制居心不良者自由的装置，这是18世纪后期的监狱特征。在19世纪，监狱很快就失去了它的审美情趣，伦敦霍洛威监狱[Holloway]于1849年至1851年间建造，是尝试一种阴险特色的最后一座监狱建筑，它把风景如画与刑罚并置。

商业性建筑

商业性建筑是直到近18世纪末界限都不十分明晰的一个分类，只是这时标志性地出现了一些有趣的新发展。交易所和银行是调研的主要议题。其中，交易所有着最悠久的建筑血统；1700年，最著名的欧洲交易所是安特卫普[Antwerp]、阿姆斯特丹和伦敦的那些交易所，这三座交易所都建于16或17世纪，在1800年仍然还在使用。1720年，一座

150

151

无明显建筑意义的新交易所在鹿特丹[Rotterdam]建成，1727年在科隆[Cologne]建成，1736年在波尔多建成。

这些交易所承担各种营销贸易。但是，随着业务不断增加，形式更加多样化，商会发现分开组建专业交易所也不失为一个权宜之计，例如玉米、煤炭，或者后来的股票和证券。1749年至1750年间，伦敦得到了它的第一个谷物交易所，这时大丹斯在马克巷[Mark Lane]设计了一座

151. 都柏林的皇家交易所[Royal Exchange, Dublin]，由托马斯·库利建于1769年至1779年间，因为在一次设计竞赛中他摘取头筹。入口建有三角饰，这导致建造了一个加圆顶的圆形大厅，在选自詹姆斯·莫尔顿的《都柏林风景如画的和描述性的观点》[*Picturesque and Descriptive Views of Dublin*]版画插图中刚好可见，它出版于1794年。这座建筑现在是都柏林市政厅[the Dublin City Hall]，但是原来的结构幸存，基本保持完好如初。

具有帕拉第奥风格立面的建筑（图149），它遵循早期交易所的传统，后面建有一座院落。它于1827年竣工。一个规模空前宏大的谷物交易所在1763年至1768年间在巴黎重建。这是一座创新性的建筑，以谷物交易所[Halle au Blé]著称于世（图150）。它呈现为一座圆形建筑结构，有同心的外部和内部拱廊，它们之间绵延着一座圆形多立克式柱廊。中央空间是开放型，直到1783年勒格蓝[Le Grand]和莫林诺[Molinos]用木质圆顶覆盖了它。1808年一场火灾之后，贝朗热用铁穹顶替代了木质圆顶，这赋予了这座建筑物在后世的名气。1885年它被拆毁。1769年，当一群都柏林市民提出了构建一座交易所时（图151），他们宣布举行一次对英国和爱尔兰建筑师开放的建筑设计竞赛。它吸引了61件参赛作品，罗伯特·米尔恩[Robert Mylne]的一名弟子黑衣修士桥[Blackfriars Bridge]的建筑师托马斯·库利[Thomas Cooley]荣获此奖。库利的设计被建造出来（现在它是市政厅）。库利脱离了开放型庭院的传统，用花格镶板覆盖主要空间。它的外观是精妙的帕拉第奥式布局，并明确带有“公共”的特性。1801年至1802年间，伦敦第一座专业股票证券交易所[Stock Exchange]由小丹斯的助手詹姆斯·皮科克[James Peacock]建造。虽然这是一座足够谦虚朴素的建筑，但它的朴素立柱和拱门以及连续的闪亮玻璃天窗暗示了一种“还原主义[reductionism]”，这与丹斯的市政厅[Guildhall]的会议室以及城中他设计的其他建筑物相关。

在1790年之前，银行在建筑界还没有登台亮相。从15世纪的佛罗伦萨开始，银行业务在银行家的住宅中进行，这种惯例一直延续到19世纪。然而，有一个显著的例外——英格兰银行[the Bank of England]（图152）。

英格兰银行是所有现代中央银行的原型，它于1694年创立，最初它像任何一家其他私人银行一样，其创办人构思了一个建筑规划，在半个世纪之内，这决定性地改变了其特征。这家银行借贷给政府，资助其发动对外战争，以此获取年金利息，政府支付利息，一直到债务还清的

152

153

152. 第一座英格兰银行由乔治·桑普森建于1732年至1734年间——系列庄严高贵的古典主义建筑群和庭院从针线街向后延伸。主体银行家大厅耸立在两座庭院之间。

153. 英格兰银行转让办事处[the Bank of England Transfer Office]，建于1763年至1770年间，由罗伯特·泰勒爵士设计。1765年银行雇用泰勒扩建新大厅以及办公室，为了安全性，大多数建筑都按照桑普森的建筑采用天窗照明。

某个不确定的日期。这是“国债”的由来，它随着每一次连续的战争而增加。这笔债务有资金资助，成为大部分国民的投资模式。到1763年七年战争[Seven Years War]结束时，已经明确的是国债为永久性的。这些债务的管理权掌控在英格兰银行的手中，到18世纪末，它作为政府银行家的地位得到了巩固。

要解释银行房地产的实际扩张，这份十分生搬硬套的归纳总结是必要的。它首先在菜市场大厅[Grocers’ Hall]开展业务，1732年它接管了其第一位总裁约翰·霍布伦爵士[John Houblon]在针线街[Threadneedle Street]的住宅，后来霍布伦的住宅被一座帕拉第奥式建筑所取代，它依照归属于伊尼戈·琼斯设计的林肯菲尔德旅馆[Inn Field]的范本建造。它的背后是一座庭院，再后面是一座雄伟的大厅，银行与公众之间的业务在这里进行：这背后又是另一座庭院。随着业务的增加和“资金”类型的多样化，大厅空间变得不够用了，因此在1765年，银行获得了更多的财产之后，就雇用罗伯特·泰勒[Robert Taylor]建造了第一座建筑的东侧。泰勒曾经从事雕塑家一行，专门被市民光顾，还亲自担任警长（因此得到骑士身份）。他的平面规划包括一个半球形的圆形建筑，其直径为63英尺，在东边有两个矩形大厅，一个位于南部，另一个在北部。每个大厅都以其中的交易种类命名（统一公债局[Consols Office]；5%办公室[5 per cent Office]；转让办事处[Transfer Office]（图153）；银行股票证券办公室[Bank Stock Office]）。这四个办公室的设计都一模一样。这种房间设计没有先例，泰勒去往詹姆斯·吉布斯的田野圣马丁教堂，借鉴了他基座上的圆柱体系，它们支撑中殿和过道上方的木质拱顶。每个大厅都有十六根圆柱。这座圆形大厅是罗马万神殿的一个聪明巧妙的装饰变体，它似乎曾经是一件“有吸引力的”作品，除了作为四个大厅的一个前厅外，没有特别的用途。后来，泰勒在原有建筑物的西边建造了宏伟的法庭套房[Court Room]和

154. 1788年，约翰·索恩爵士接替泰勒担任英国银行的建筑师，负责一次实质性的重建，这使它成为欧洲伟大的建筑古迹之一。这幅俯瞰图并非浪漫主义的祸根，有时有人如此称之，而是通过剥离，仔细研究，以显示内部空间和建筑的关系。从针线街来看，正门为中心前景，右侧圆形建筑更靠后，而银行股票证券办公室在其背后。几个泰勒设计的早期房

间被允许保留，但是索恩以一个单层包围了整座建筑的地址，墙壁没有开设窗户，目前这些几乎仍然是他的作品的所有余迹。这里显示的视图，属于一幅建筑制图的杰作，是约瑟夫·迈克尔·甘迪[Joseph Michael Gandy]的作品。

155

156

减少年金办公室[Reduced Annuities Office]。

泰勒在1788年逝世，之后35岁的约翰·索恩[John Soane]继任（图154）。到了这时显然已经发现泰勒的柱廊大厅不合时宜了，因为在任何情况下，它们都具有结构缺陷，所以索恩奉命在旧有地基上重建它们，也是圆形建筑物（图156）。这一重建工程是索恩的职业生涯中最有创意的情节，事实上，这是当时欧式建筑的最具原创性的一座。有证据表明，在一开始，他得到了他的先师乔治·丹斯提出的建议。银行证券办公室是大厅中第一个进行拆除的部分（图155）。在重建时，取代了原先的十六个承重点，它只有四个承重点，所采取的这一形式近似于一座拜占庭式教堂。从某个角度来看，这是一个完全合理的解决方案，但是从另一个角度来看，这是黑暗时代宝库中的一个奇思妙想的先见洞察。风格冒险可能归因于丹斯，他的“未经提炼的和不成熟的粗拙提示”，正如他对它们的称呼，使索恩转而求助拜占庭线索，这在索恩博物馆[Soane Museum]中得以幸存。索恩着手重建另三座大厅和同一样式的圆形建筑。1818年，最后一座大厅竣工。大厅和圆形建筑都在1925年被拆毁。

155. 索恩设计的银行股票证券办公室[Bank Stock Office]，建于1791年至1792年间，这是简化论[reductionism]的一次典型演练。这幅素描图在索恩的监督下制作，它展示了职员办公桌安装之前的房间。它看上去恰似一座拜占庭式教堂，也的确存在一些证据表明灵感源自中东。

156. 索恩设计的英格兰银行圆形建筑[Rotunda of the Bank of England]，于1796年建成。索恩在泰勒的圆形大厅的基础上建造，建筑省却了正常的古典主义语汇，留下了圆形建筑的几何形式，它们只是以采用阴刻线条的图案轻微地诉说着自己。

第六章 | 城市形象

截至目前，无论是作为建筑风格还是作为建筑类型的例子，这篇文章几乎一直仅仅关注于个别建筑物。关于在18世纪全景中扮演着如此令人印象深刻的角色的城市综合规划构造，我们还一无所言。现在要提出的问题是，在本书开篇，建议作为一种粗略概括把18世纪建筑一分为二，一半是巴洛克风格，一半是新古典主义风格，在从个别建筑扩大至团体建筑、从团体建筑扩大至整个城镇建筑时，这是否可以有效地保留。换而言之，就是存在“巴洛克风格城市规划”和“新古典主义风格城市规划”吗？这不是一个简单的问题。重要的城镇，无论有何种主导的古迹风格，它们一般都比18世纪更古老，绝对新兴的市镇必然是非常罕见的。我们能够窥见的是看待城镇性质的态度——看待城市形象的嬗变。在18世纪初，城镇被视为不可复归自然的事实——它是可能被人为限制或扩展的某种事物，新的元素可能被嵌入其中，但是没有完全重组和改善的能力。到18世纪中叶，一种更加全面的态度已经出现了。

在罗马和巴黎，我们可以同时看到有计划的建筑元素重新融入了现有的城市。在罗马，1727年，由菲利普·拉古齐[Filippo Raguzzi]规划而成的圣伊尼亚齐奥广场[Piazza S. Ignazio]（图158）是一个很小的围场（比伦敦典型的广场小很多），它包括几栋住宅，建筑物围绕中央区域布局，建有一堵凹陷的立面。这一中心区域的椭圆形凹面与房屋的

157. 罗马西班牙圣阶梯，顶部矗立着山上天主圣三一教堂[S. Trinità dei Monti]。圣阶梯由弗朗切斯科·德·桑蒂斯在1723年至1725年间设计布局，作为城市修缮的延续计划的一部分。在一个城市平面规划中插入孤立的古希腊舞台背景的透视绘画法[scenographic]的特点，这通常是典型的巴洛克风格；对比盛大的前景看起来更具新古典主义的味道。

墙面相互呼应，这些墙面在街道之间的整个侧面凹陷，结果围墙的整个侧面颇具动感。广场的其他三面是笔直的，但是拉古齐的装饰确认了整个广场属于洛可可风格。

规模更加宏大却仍然属于洛可可风格概念的是罗马的西班牙圣阶梯[Spanish Steps]（图157），它从科尔索大街[Corso]通往圣特里尼塔德蒙蒂教堂[S. Trinità de' Monti]。在1723年至1725年间，它由弗朗切斯科·德·桑蒂斯设计，由几近100个台阶组成，这种阶段性的上升采用了维尼奥拉[Vignola]的阶梯式方法，接近法尔内塞城堡[Castello Farnese]的主题，对它进行扩大和阐述，把它的直线调换为弯曲的对位法，其风景效果美轮美奂。

规划与政治

1761年，皮埃尔·帕特[Pierre Patte]在巴黎发表了一项城市平面规划（图159），上面记载了各种建筑师为纪念路易十五而设计的纪念性建筑物的多项规划。每个方案都是别具一格的、有所限制的单独提议，但是一旦分布在地图上，它们就勾画出类似整座城市的纪念性建筑的轮廓。作为新型的综合态度的证据，更为引人注目的是约翰·格温[John Gwynn]的伦敦重组计划（图160），它收录在1761年出版的《伦敦和威斯敏斯特改进计划》[*London and Westminster Improved*]中。从某种意义上而言，这与帕特的设计相背离。帕特展示了一些分布在现有地图上独立的不朽概念。格温借取现有地图，通过由街道“改进”的一个复杂精致的系统，使整体走向一定程度的纪念性建筑规划——他称之为“公共的壮丽”[Public Magnificence]。帕特和格温之间的差异恰好表明了从一种城市形象到另一种城市形象之间存在一条贯穿通道——从插入城镇中的戏剧性规划特征，这是巴洛克风格思想，到一个能够连续

158

提供视觉消遣的有机体的城镇，这是新古典主义风格的构思。

巴洛克风格的城市规划必然涉及在巴洛克时代最突出的宏伟建筑结构——宫殿和大教堂。但是大多数明显是宫殿建筑。在担当18世纪范本的17世纪宫殿建筑中，凡尔赛宫绝对占据优先地位。在凡尔赛宫，通过勒沃、勒诺特和朱尔·哈杜安-孟萨尔的后继劳动，不仅造就了一座宫殿，它主导了几何状有秩序感的公园达成几乎一望无际的远景，而且在接近宫殿的一面，造就了具有相应规律性的城镇。城镇在西，公园在东，宫殿是两者的汇聚点。1715年，路易十四驾崩，同年巴登-杜拉赫侯爵[Margrave of Baden-Durlach]卡尔·威廉[Karl Wilhelm]开始在卡尔斯鲁厄[Karlsruhe]布局建造他自己的凡尔赛宫，由军事工程师

158. 罗马圣伊格纳齐奥广场，于1727年建成，由菲利普·拉古齐设计。这是建筑中最接近巴洛克风格舞台场景设置[stage-set]的方法，其凹陷立面把人们的目光引向神秘的对角线景致。

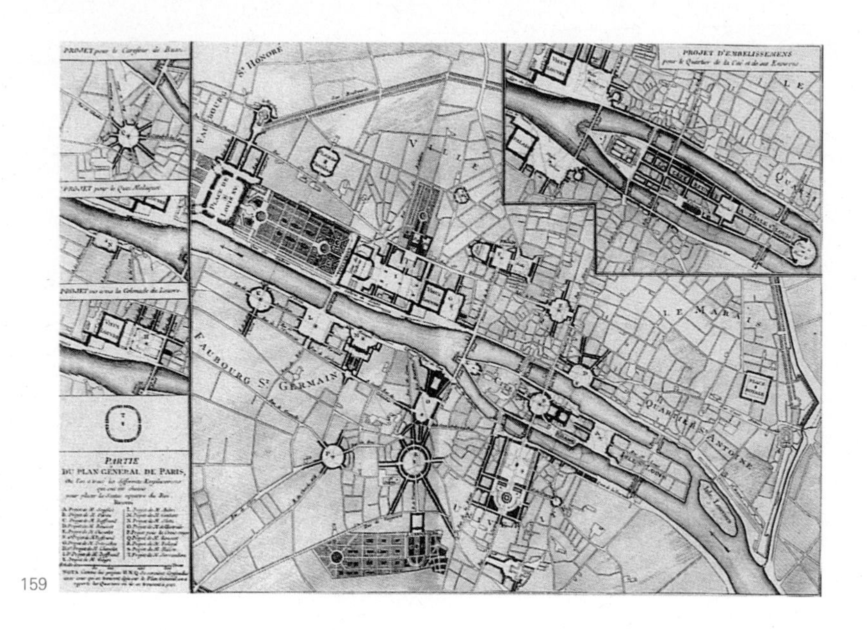

159

冯·贝岑克诺伯斯多夫[von Betzendorf]为他设计。这里树木繁茂的公园位于北边，城镇在宫殿以南。凡尔赛宫的径向理想被强烈夸张，不少于32条大道在宫殿的中央八角塔汇聚，而宫殿本身则把侧翼建筑向外射出，形成城市的两个半径。这里没有凡尔赛宫的极高复杂程度，卡尔斯鲁厄宫是一座建筑珍品，我们从中也许发现了意大利文艺复兴时期的“理想”城市规划的幸存物。

卡尔斯鲁厄宫从未被人高度近似模仿，尽管从1733年开始布局

159. 皮埃尔·帕特1763年设计的巴黎平面规划，旨在实现戏剧性的惊喜。它涉及为皇家广场建造的20余个项目，包含路易十五的雕像，每一个项目都是巴洛克风格的爆炸泛滥，事实上这无形中忽略了现有的街道格局。

160. 约翰·格温于1766年设计的伦敦改进方案，它代表了截然不同的理想：整座城市的修缮改良体现了理性和延续的克制秩序，王宫恰好位于海德公园[Hyde Park]的中心。

的纽施特雷利茨[Neustrelitz]的汇聚街口，以及上西里西亚[Upper Silesia]的另一种卡尔斯鲁厄宫（波可伊宫[Pokoj]）都采用大致相同的精神，在几何形状上依赖于王侯宫廷建筑。在斯图加特[Stuttgart]的路德维希堡[Ludwigsburg]，从1709年起由符腾堡[Württemberg]的埃伯哈德·路德维希[Eberhard Ludwig]公爵建造的另一座新城镇王宫之城[residenzstadt]并不从属于宫殿，但是布局在宫殿旁。西班牙于1748年至1778年间为菲利普五世设计布局了阿兰胡埃斯宫[Aranjuez]（图161），它直接源自凡尔赛宫（图162），大街呈辐射状延伸到西部公园，东边是新规划的城镇。这些放射状分布的街道在圣彼得堡[St Petersburg]再次出现，虽然在这里——在过去被称为涅夫斯基[Nevsky]、海军部大楼[Admiralty]及升天前景[Ascension Prospects]——它们没有汇聚于王宫，而是汇聚于海军部大楼。

街道平面规划强调在视觉上对一座建筑物的依赖，这是一个巴洛克风格的理念，其中的最高权力机构是既得利益者。通常情况下，这

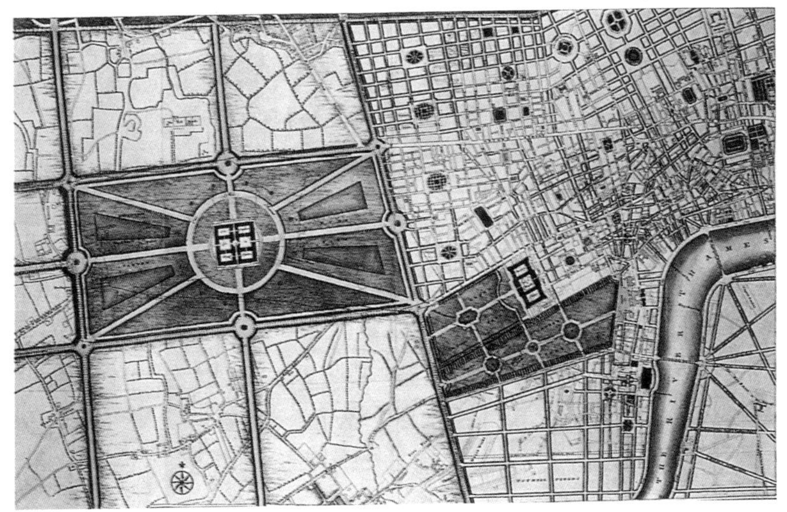

160

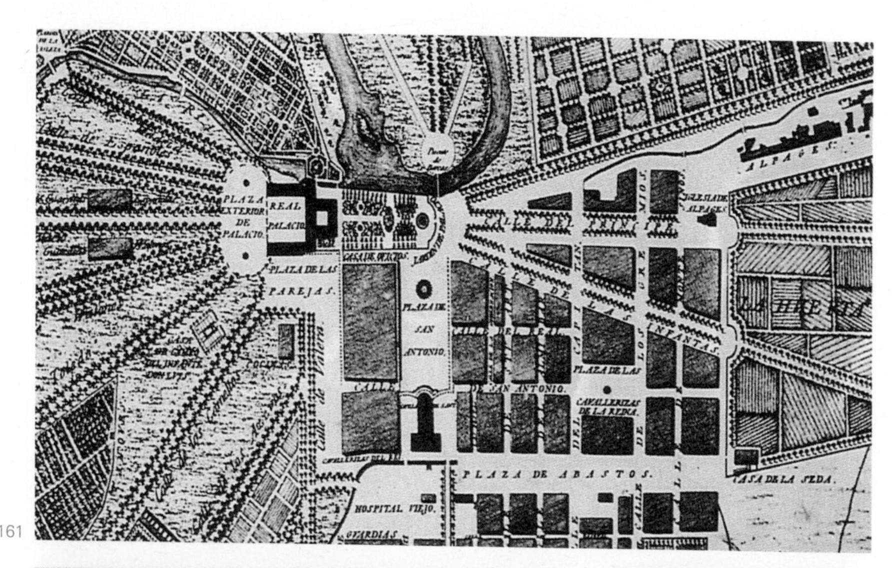
PLAZA EXTERIOR DE PALACIO
REAL PALACIO
PLAZA DE LAS PAREJAS.
PLAZA DE SAN ANTONIO.
DE SAN ANTONIO.
PLAZA DE LAS
CABALLERIZAS DE LA REINA.
PLAZA DE ABASTOS.
HOSPITAL VIEJO.
GUARDIAS
ALPAGES.
INFANTAS.

161

162

163

种强调属于纯粹象征性的一种，当我们失去了王宫景象时，它就迅速淡出。在精神上类似的是另一种巴洛克风格的建筑装置——皇家广场[*place royale*]。这种发展形式出现在法国。皇家广场通常不依赖于一座宫殿，而仅仅是城市中一个正式区域，专用于体现君主的威望，在中心位置提供了摆放君主雕像的场地。第一座皇家广场建于亨利四世[Henri Ⅳ]统治下的巴黎，直到它成为孚日广场[place des Vosges]才被称作皇家广场[Place Royale]。在路易十四的统治下，出现了圆形胜利

161. 马德里以南的阿兰胡埃斯公园，为西班牙的菲利普五世布局建造。一如在凡尔赛宫，宫殿被设置在公园和城区之间，交通线向外辐射直抵两边。

162. 凡尔赛宫的径向平面规划在德国的卡尔斯鲁厄宫被执行到它的极致，在这里不少于32条主大道交汇于皇宫。

163. 波尔多交易所广场，建于1733年，由雅克・J.加布里埃尔设计，它面对加龙河，是一个都市建筑样板。

广场[Place des Victoires]和八角旺多姆广场[Place Vendôme]。在路易十五的统治下，1720年，一场熊熊大火过后，在法国许多省份——雷恩[Rennes]、蒙彼利埃[Montpellier]以及波尔多涌现出一大批皇家广场，那里的宏伟交易所广场[Place de la Bourse]（图163）在1733年由雅克·J.加布里埃尔[Jacques J.Gabriel]设计，成为加龙河[Garonne]畔的一大建筑奇观。

与波尔多相关的一些方面是其中最著名的皇家广场（图164、165）——巴黎协和广场［Place de la Concorde］。今天，我们十分习惯于把这种广场空间视为一个组成部分来思考——事实上是核心组成部分——伟大的正式框架，巴黎全图以此为轴心，但是我们忘记了，起初情形并非如此。它始于1748年的一个设计方案，这一方案由民间机构促进，修建“路易十五广场”［Place Louis XV］纪念君主（这是帕特计划的主题，前文已经提到了）。这个建筑地址是由路易赐予的礼物所解决的，位于杜乐丽宫西侧。然后，为了建筑布局举行了一场设计竞赛（1753年），但是最终的设计在很大程度上出自加布里埃尔的儿子和继任者雅克–昂热·加布里埃尔，他设计了波尔多广场。他的两座宏伟宫殿的侧面与皇家路[Rue Royale]和马德琳宫[Madeleine]的远景相接，这两座宫殿最初需要一个空间，在其中心放置了一尊路易十五雕像，在四面用下沉的花园界定，与此相关的代表法国城市的八尊坐姿雕像都有适当的选址。只有随着1788年到1790年间协和桥[Pont de la Concorde]的建成，以及在拿破仑的统治下里沃利街[Rue de Rivoli]的创建，协和广场才失去了庄严的花园式隔离，并适时地成为一座有规划的巴黎回旋中心。

与协和广场建于同时代的是洛林[Lorraine]的首府南锡的斯坦尼斯拉斯广场[Place Stanislas]（图166、167）。在这里，波兰前国王斯坦尼斯拉斯·莱克辛斯基[Stanislas Leczinski]和洛林公爵凭借他女

164

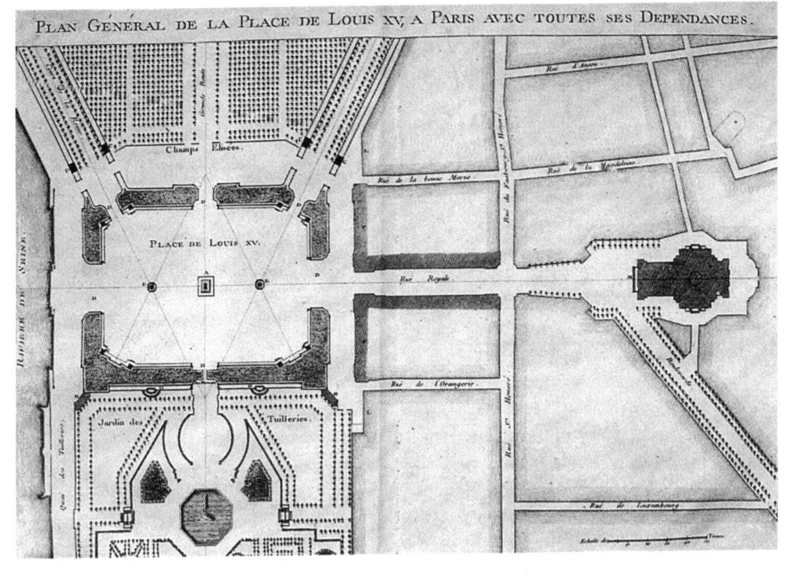

165

164、165. 巴黎皇家广场（今协和广场），起源于1748年，属于一个纪念路易十五的建筑项目。它从1753年开始破土动工建造，以杜伊勒里宫[Tuileries]和香榭丽舍大街[Champs Elysé es]为轴线，创造了新中轴线和新的前景—夹在由雅克–昂热·加布里埃尔设计的对称建筑物之间，一个对着马德琳教堂，另一个对着塞纳河岸，在这里后来建成了协和桥。

166

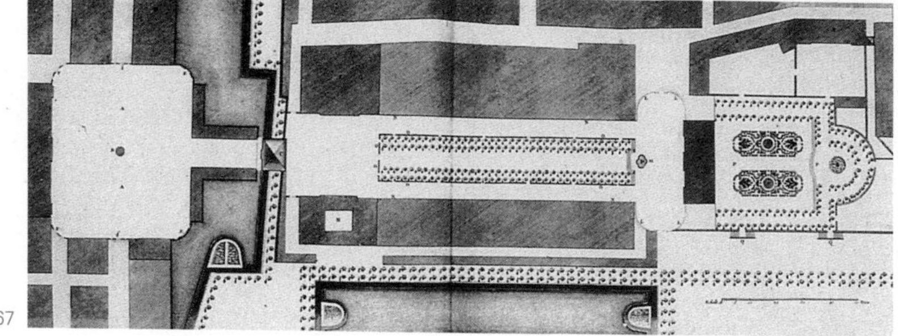
167

166、167. 在洛林南锡创建的空间序列，形成了所有18世纪的城市规划演练中最令人满意的一次。从斯坦利斯诺斯广场[Place Stanislaus]开始（照片上的前景，平面规划的左侧），一座凯旋门通往一片狭长空地，以前的一块教堂所属地，最后终点是公爵宫。选自赫拉·德·柯尼的《南锡皇家广场的平面规划和立面规划》[*Plans et elevations de la Place Royale de Nancy*]，1793年出版。

婿路易十五的恩典，提出了建造一座皇家广场作为合适的献礼。在这种情况下，这座广场本身获得了特殊的重要性，它坐落在一个古老的倾斜地面的轴线上，在轴线的一端已经提议建造一座宫殿。斯坦尼斯拉斯的建筑师赫拉·德·柯尼[Héré de Corny]完成了这座宫殿（根据较少线条），他给它建造了一个前院，左右两侧建有带廊柱的半圆形建筑物[hemicycles]，为沿旧有的倾斜地面排列的住宅（卡里埃广场[Place de la Carrière]）设计了统一的立面[elevations]，用一座凯旋门[triumphal arch]封闭了它的遥远一端，通过它进入皇家广场[Place Royale]（斯坦尼斯拉斯广场）。这是一个美轮美奂的序列——也许是18世纪创造的最佳的正式城市规划。然而，这一布局设计源于独特的环境。其特点仍然属于传统的和有限制的皇家广场，但是它与其他新兴正规元素恰如其分地巧妙互动，这赋予其氛围更多内涵，而它的建筑——精致优美地源自凡尔赛宫和卢浮宫，以宏伟华丽的精湛铁工艺强化——凭其自身的优势成为一件规模较小的建筑杰作。

皇家广场的构想并不局限于法国。我们发现在哥本哈根[Copenhagen]阿美琳堡广场[the Amalienborg]（图168）它被壮丽地表现出来，这座建筑1749年建造于腓特烈五世[Frederick V]的统治之下。建筑师是丹麦人尼古拉斯·伊格维[Nicolas Eigtved]，但是来源是法式的（图168、169）。四座宫殿横跨广场的角落，它们大多采用儒勒·哈杜安·孟萨尔的风格。起初这座建筑由四个主要的丹麦贵族建造作为家族府邸，后来在1794年它们成为王室的官方财产。广场中间耸立着腓特烈的骑马[equestrian]雕像——极少数在革命的肆虐中幸存的明确为皇家广场设计的雕像之一。在从广场伸展出来的四条道路中，一条大路直冲腓特烈教堂[Frederiks-Kirke]和它的门廊以及居高临下的圆顶（与协和广场和马德琳广场相比较）；另一条笔直通达港口。

在布鲁塞尔，一座按照法国模式建造的皇家广场在1766年由荷兰

168

169

168、169. 两个河畔广场。上图：哥本哈根的阿玛琳堡广场，于1749年设计规划，在广场四角是为丹麦贵族建造的4座相同的宫殿。下图：里斯本的商业广场，在1755年地震之后连同其背后的网格状街道一起设计布局。

的哈布斯堡州长[Habsburg Governor]查尔斯·德·洛林[Charles de Lorraine]开始破土动工。这仅仅是更加宏大的工程的开始，这项工程10年之后才会成熟，那时围绕前公爵宫[Ducal Palace]公园的上城区[Haute Ville]被布局为正式的住宅区。而在里斯本[Lisbon]我们有商业广场[Praça do Comércio]（图169），1755年大地震后，它创建于塔霍河[Tagus]沿岸以上两处——事实上类似在哥本哈根——对皇家广场与城镇的整体关系有了更清晰的认识。

拘泥于形式的消融淡化

当然，皇家广场的主题截然不同于城镇拓展的主题。在18世纪，大多数大城镇的扩建，往往通过出售土地和房屋沿街建筑作为商业用途这种简单的过程。在某些情况下，国家控制比其他情况更为严格。在柏林，从1721年起，菩提树下大街[Unter den Linden]南北两部分的大块面积都不仅被规划，而且在极大程度上由国家建造，地址上已经建成的半成品构架[carcases]（即用房[*immediatbauten*]）正被租用。在另一方面，巴黎的大地主们，譬如阿图瓦伯爵[Comte d' Artois]、银行家拉博德[Laborde]和圣殿的大先知[Grand Priors of the Temple]，都制定了以盈利为目的的土地研发项目，他们不太考虑舒适性；在巴黎舒适性唯独与个别私人住宅[hôtel]、庭院和花园相关（除了皇家专用区之外）。在伦敦，情形也是如此，大家族和机构发展他们的房地产，创建了广泛向西的延伸部分，这在18世纪的过程中改变了这座都城的整体轮廓与平衡。

然而，伦敦以它自己的方式发展。它几乎缺乏巴黎的一切有利条件。宫殿稀少而平庸，缺乏广泛的正式布局。公共建筑没有与草坪和林荫大道相接。大教堂——甚至圣保罗教堂——早已不是前院[*parvis*]的

170

礼制。那里没有建喷泉。而且，既然防御工事大多随着中世纪消失了，所以不可能有任何的林荫大道[*boulevards*]取代它们。但是，在18世纪初，伦敦采取了一种不无优点的发展模式。这包括在广场[*squares*]周围的街头的全面发展中。伦敦的第一座“广场”是1630年在考文特花园[Covent Garden]中由伊尼戈·琼斯规划的有拱廊的椭圆形广场[oblong]，这与亨利四世的皇家广场（孚日广场）有一定的关系，所以在那一阶段我们也许会把伦敦广场的这一构思与皇家广场的构思联系起来。但是，一旦承认这一点，我们必须补充的是，其构思再次立刻分

170. 伦敦汉诺威广场，1718年至1720年间开始破土动工，用新的统治王朝命名。这一场景代表了18世纪的伦敦房地产开发。广场上建有宏大而朴素的砖瓦房，有围栏封闭，建有可以方便前往的一座教堂，这些形成了广场的核心。

171. 巴斯[Bath]这个时尚的海滨胜地，在1725年和1770年之间迅速扩大。这座城镇作为一个整体可自由扩建，但是保留了其元素的严格形式——新月状物、竞技场和广场。在这一视图中，皇家新月楼位于前景，圆形广场进一步向右边退回。

171

道扬镳。伦敦广场简直成了房地产开发的经济性元素。周围布满带有围栏的私人花园的广场，犹如磁铁一般，吸引着富有的买家。对于不太富裕的人们而言，邻近广场的街道使他们因与有钱人为邻而声誉大增。小街道遵循它们的级别。便于去教堂或便于去小礼拜堂，以及便于去市场，这些都是必不可少的，并且这两种条件都往往被特别打造。那是伦敦的程式，它行之有效地盛行了一个半世纪。

它行之有效，主要是因为在伦敦庭院从未有过在巴黎的那种强大吸引力。英国贵族很少渴望他们在伦敦的住宅富丽堂皇、庄严雄伟；他们满足于在一排房子中拥有一座小型住宅，它具有些许浓缩的辉煌。在这一点上，他们甚至令他们的同时代人大失所望。有人自信地推测，

1660年之后很快形成的圣詹姆斯广场[St James's Square]，将完全由几座宫殿组成；当1717年卡文迪什广场[Cavendish Square]进行规划时，流行着同样的奢望。然而，在这两次规划中，的确都建造了一两栋巨大的宅邸，但是再也没有更多了。三四个窗口临街就足够——至少对于公爵级别以下的那些人而言。

因此，建于查尔斯二世[Charles II]和维多利亚[Victoria]统治时期之间的那整个伦敦，包含由街道组成的网络，其中频频出现一个广场——广场大多以土地所有家族的姓氏为名，譬如贝德福德广场[Bedford Square]（贝德福德公爵[Duke of Bedford]）、格罗夫纳广场[Grosvenor Square]、波特曼广场[Portman Square]、菲茨罗伊广场[Fitzroy Square]（姓氏）；或者采用与王室相关联的名字，如汉诺威广场[Hanover Square]（图170）、布伦瑞克广场[Brunswick Square]、梅克伦堡广场[Mecklenburgh Square]。

18世纪的伦敦广场只有极少数屈从于建筑规则的控制。在做了让步的那些广场之中，贝德福德广场是唯一完好的幸存者。不过，把一排房子处理为一个宏伟组合的构思从18世纪初就已然存在，如果它在伦敦没有找到太多的接纳，在英格兰其他地方它确实被人所接纳——也就是在巴斯，结果颇具戏剧性。

从1727年开始，巴斯的城市扩建是一首真正非凡的插曲。一方面，它源自伦敦社交季结束时，巴斯作为时尚生活中心突然广为人知，名声高涨；另一方面源自年轻的石匠建筑师约翰·伍德实际的勃勃野心和天真烂漫的眼光。巴斯最初是一座罗马城市，它的建筑计划、新的繁荣的开发可与古建筑辉煌的修缮相匹配，这种想法出现在约翰·伍德的思想中。他最早的建设提议包括了一座“公共活动广场[forum]”、一座“圆形广场[circus]”和一座“运动场[gymnasium]”。在实践中，这些特点必然会自行分解，使其成为普通的连排别墅群，整批都具有

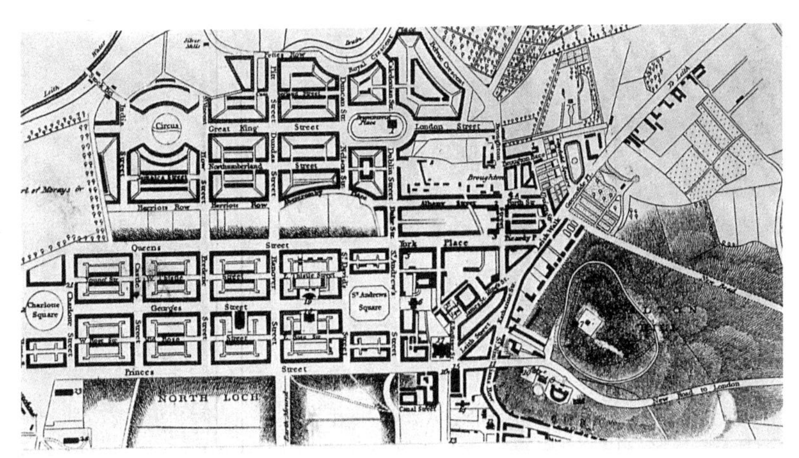

172

其名义上的原型的形式。“运动场”从未被尝试过，但是一座“公共活动广场”被部分建成（南北游行），一座“圆形广场”[the Circus]也成功建成。经过扩建的一座伦敦类型的广场（皇后广场[Queen Square]），具有更加宏伟的建筑矫饰立面，比在首都所见的任何建筑都更加雄伟壮观。1754年伍德去世之后，与他同名的儿子计划进一步扩展，把他自己的发明纳入其中——新月形或弧形露台[terrace]。今天，皇后广场、圆形广场和皇家新月广场[Royal Crescent]是乔治王朝[Georgian]城市的主要建筑特色（图171）。它们本身是高度原创的，以松散的、非正式的方式连接，这极好地适应于丘陵场地。老伍德虽然从未远游他乡，但是他似乎已经熟悉了勒诺特所使用的圆点[*rond-point*]；他可能已经知道孟萨尔的巴黎圆形胜利广场。对于小伍德的新月形广场，很难联想到任何原型：甚至相当奇怪的名称“新月状”似乎

172. 在18世纪后半叶，爱丁堡新城镇被规划布局，它与旧城平行。夏洛特广场[Charlotte Square]和圣安德鲁广场[St Andrew's Square]，每一座广场都建有杰出显著的建筑物以封闭前景，它们由乔治街相连。北部是1800年后平面规划的拓展。

也无迹可寻。

伍德父子以及他们的追随者在巴斯大获成功，他们在18世纪余下的时间里影响了英国的都市扩建。每一座主要的英国城镇都建有新月广场，有些城镇建有圆形广场。当詹姆斯·克雷格[James Craig]在1766年为爱丁堡新城制定他的计划时（图172），他的确坚持传统的伦敦建筑常规；但是1800年以后新城的进一步发展把巴斯元素消耗殆尽。1811年，约翰·纳什[John Nash]为摄政公园[Regent' s Park]和摄政大街[Regent Street]制定的伟大平面规划从同一源泉极大地吸取了灵感。在美国，直到1793年才出现依据巴斯模式的城市规划，这时查尔斯·布芬奇设计了波士顿富兰克林大街[Franklin Street]的通天新月广场[Tontine Crescent]，它于1858年被毁。这是一座亚当式的精致美妙的建筑，采用远离起源于巴斯的稳健强烈的帕拉第奥主义。

飞跃至未来

在这份总结中，我们必须去浏览美国，才能完成这一篇简短的调研报告。在美国，一座全新的城镇必然是比欧洲更加现实的命题。1682年，威廉·佩恩[William Penn]为费城[Philadelphia]以及巴尔的摩[Baltimore]、萨凡纳[Savannah]和雷丁[Reading]设计了城市规划，这些城市规划在18世纪上半叶遵循他的规划，它们代表着在处女地制定新城镇规划的模式；这些模式基本上都是广阔的军事营地的那些模式。复杂性程度更大的来自1721年法国工程师设计的新奥尔良[New Orleans]城镇规划；一个地区分为66个正方形地块，其中一块——阿姆斯广场[Place d' Armes]——用于提供教堂、军械厂和州长官邸的显著分组，教堂位于一条中央大街轴线上。安纳波利斯广场[Annapolis]甚至更为成熟，它的径向规划在1700年的前不久被采纳，预示了15年后卡

尔斯鲁厄广场的出现。

但是在18世纪，美国城市规划的一大胜利是华盛顿特区。1783年政府做出了建造一座联邦都城的决定。一位描绘战斗场景的法国画家的儿子皮埃尔·朗方少校[Pierre L’Enfant]在1789年给华盛顿总统的信中以戏剧性的措辞呈上自己的规划。它们被接受，地址选在波托马克河畔[Potomac]。

从历史的角度来看，关于朗方的计划最引人注目的一点是它依赖于凡尔赛宫到何种程度（图173）。虽然它的基本模式是单调的纵横交错[criss-cross]型，但是这被对角线的傲慢对立模式所掩盖。这些从

173. 当美国决定在1783年建造一个联邦首府时，选择的平面规划奇妙地接近于凡尔赛宫，专制主义的极妙象征。它是网格状和径向布局的结合体，有两个主要的远景，在国会大厦的前面和总统府前面，它们相会在波托马克河畔。

174

国会大厦[the Capitol]辐射出来，又再次从白宫[White House]辐射出来。更多对角线穿越它们，与它们相会，在广场和环岛[*ronds-points*]彼此相会，正如在凡尔赛宫的勒诺特大街一样。国会大厦前通往白宫[White House]的林荫路[Mall]近似于凡尔赛宫和大特里亚农宫[Grand Trianon]的林荫路。奇怪的是，从表面上判断，曾经建造的专制主义的最伟大的标志，会如此众多、如此立竿见影地提供给在各方面都反对凡尔赛宫体现原则的国家的首府。但是朗方本人没有看到异议。对他而言，华盛顿的放射状大街象征着启蒙运动的光芒，伸往大陆各地；也象

174. 勒杜设计的绍城皇家盐场计划由一位前瞻性的建筑师担任社会工程师。这一中心建有官方建筑，符合径向平面规划，但是更进一步地放弃了规律性，街道被允许有机拓展开来。（摘自勒杜的《在艺术、道德和立法的前提下考虑的建筑学》[*L'Architecture considérée sous le rapport de l'art, des mœurs et de la législation*]，1804年出版。）

征着为寻求联盟保护的所有人随时提供的欢迎之路。

然而，华盛顿城市规划明显仍然是一个巴洛克风格的城市规划，在建造它的时候，它属于在美国以及在欧洲盛行的新古典主义氛围中的一种破格。在其他人手中，华盛顿可能成为何种模样呢？也许克劳德·尼古拉斯·勒杜才是当时真正具备创建一座新首都的技能的唯一建筑师，这座都城应该是一个伟大的象征，是完全适应民主的都市生活的有机体。勒杜从未有过这样的机会去设计以华盛顿规模来规划的任何建筑；但是他确实规划甚至部分建造了阿尔克[Arc]和瑟南[Senans]之间的贝桑松西南部一座与国家食盐矿连接的相当自负的工业城市。它已经动工的废墟依然存在，但是整个概念被勒杜的想象力进行了丰富阐述，所以我们必须转向他的论文中的俯瞰图来寻求这一概念，这在前文已经提及，那里称之为绍盐城[La Saline de Chaux]。在这里，我们看到了一座城镇，它的确以径向原则布局，有一个正式的虽然不是极为强大的中心。中心之外所有正式的特征都被放弃。建筑物和建筑群位于风景之中，它们的形式分别适合它们不同的功能；有组织，但是没有明确的城市规划——它不仅伸向远方，也走向未来。

勒杜的绍城计划是18世纪最伟大的预言文献之一（图174）。在他的时代，几乎没有人感受到它的影响力，它把形式的严谨与功能的自由相组合，这一点只有在我们自己的时代才被公认为是极度重要的解放姿态。把它与朗方的华盛顿城市规划进行比较，也许是荒谬的，但是在这两个城市规划中，我们有世纪末的两个伟大的城市形象——一个植根于17世纪的这份遗产，它一直以来极大地丰富了18世纪；另一个是对进入新世界进行想象的革命性飞跃——一个基于工业组织和民主原则的世界，凡尔赛宫的强烈嚣张气焰从此终于烟消云散、遁形无迹。

精选参考书目

国家、地区、城市、种类

布伦特，A.F.[Blunt，A.F.]《巴洛克时代罗马指南》[*Guide to Baroque Rome*]（伦敦和悉尼[Sydney]，1984）

布伦特，A.F.[Blunt，A.F.]《那不勒斯巴洛克风格和洛可可风格建筑》[*Neopolitan Baroque and Rococo Architecture*]（伦敦，1975）

布伦特，A.F.[Blunt，A.F.]《西西里巴洛克风格》[*Sicilian Baroque*]（伦敦，1968）

布拉汉姆，A.[Braham，A.]《法国启蒙运动时期的建筑》[*The Architecture of the French Enlightenment*]（伦敦，1980）

克雷格，M.[Craig，M.]《都柏林1660—1860年》[*Dublin 1660-1860*]（都柏林[Dublin]，1952）

丹顿，C.[Dainton，C.]《英格兰医院的故事》[*The Story of England's Hospitals*]（伦敦，1961）

唐斯，K.[Downes，K.]《英国巴洛克风格建筑》[*English Baroque Architecture*]（伦敦，1966）

费尔韦瑟，L.[Fairweather，L.]《监狱建筑中的"监狱进化"》[*'The Evolution of the Prison'in Prison Architecture*]（联合国社会防护研究所[UNSDRI]，1975）

弗朗茨，H.G.[Franz，H.G.]《波希米亚巴洛克时期的建筑和建筑商》[*Bauten und Baumeister der Barockzeit in Böhmen*]（莱比锡[Leipzig]，1962）

加莱，M.[Gallet，M.]《18世纪的巴黎民居建筑》[*Paris Domestic Architecture of the 18th Century*]（伦敦，1954）

汉普森，N.[Hampson，N.]《启蒙运动》[*The Enlightenment*]（伦敦，1968）

霍特克尔，L.[Hautecoeur，L.]《法国古典主义建筑史》[*Histoire de l' Architecture Classique en France*]，第3、4卷（巴黎，1951—1952）

亨佩尔，E.[Hempel，E.]《中欧巴洛克艺术与建筑》[*Baroque Art and Architecture in Central Europe*]（哈芒斯沃斯[Harmondsworth]，1965）

昂纳，H.[Honour，H.]《新古典主义》[*Neo-classicism*]（哈芒斯沃斯，1968）

赫西，C.[Hussey，C.]《如画美学》[*The Picturesque*]（伦敦，1924）

艾森，W.[Ison，W.]《巴斯的乔治王朝风格建筑》[*The Georgian Buildings of Bath*]（伦敦，1948）

艾维斯，A.G.L.[Ives，A.G.L.]《英国医院》[*British Hospitals*]（伦敦，1948）

卡利宁，W.[Kalnein，W.]和利维，M.[Levey，M.]《法国18世纪艺术与建筑》[*Art and Architecture of the Eighteenth Century in France*]（哈芒斯沃斯，1972）

考夫曼，E.[Kauffmann，E.]《理性时代的建筑》[*Architecture in the Age of Reason*]（哈佛[Harvard]，1955）

凯莱门，P.[Kelemen，P.]《拉丁美洲的巴洛克风格与洛可可风格》[*Baroque and Rococo in Latin America*]（纽约[NewYork]，第2卷，1951，1967）

库布勒，G.[Kubler，G.]和索里亚，M.[Soria，M.]《西班牙和葡萄牙及其美洲自治地的艺术与建筑》[*Art and Architecture in Spain and Portugal and their American Dominions*]（哈芒斯沃斯，1959）

库布勒，G.[Kubler，G.]《葡萄牙的朴素建筑：介于香料和钻石之间》[*Portuguese Plain Architecture: between Spices and Diamonds*]（米德尔顿[Middleton]，美国康涅狄格州[Conn.，USA]，1972）

拉文登，P.[Lavedan，P.]《城市的历史：文艺复兴时代和现代》[*Hisoire de l'Urbanisme: Renaissance et Temps Moderne*]（巴黎，1941）

里克拉夫特，R.[Leacroft，R.]《英国剧院的发展》[*The Development of the English Playhouse*]（伦敦，1973）

里斯-米尔恩，J.[Lees-Milne，J.]《西班牙和葡萄牙巴洛克风格及其前因》[*Baroque in Spain and Portugal and its Antecedents*]（伦敦，1960）

雷斯蒂考，D.[Leistikow，D.]《欧洲医院建筑的十个世纪》[*Ten Centuries of European Hospital Architecture*]（英厄尔海姆[Ingelheim]，1967）

马里尼，G.L.[Marini，G.L.]《皮埃蒙特的巴洛克风格建筑》[*L'Architettura Barocca in Piemonte*]（都灵，1963）

米克斯，C.L.V.[Meekes，C.L.V.]《1750—1914年的意大利建筑》[*Italian Architecture 1750-1914*]（纽黑文市[New Haven]，USA，1966）

莫里森，H.[Morrison，H.]《早期的美国建筑》[*Early American Architecture*]（牛津，1952）

佩夫斯纳，N.[Pevsner，N.]《欧洲建筑纲要》[*An Outline of European Architecture*]（哈芒斯沃斯，第6版，1965）

佩夫斯纳，N.[Pevsner，N.]《建筑类型史》[*A History of Building Types*]（伦敦和普林斯顿[Princeton]，1976）

平德，W.[Pinder，W.]《德国巴洛克风格，18世纪最伟大的建筑师》[*Deutscher Barock⊠ Die Grossen Baumeister des 18 Jahrhunderts*]（莱比锡，1912，1929）

鲍默，R.[Pommer，R.]《皮埃蒙特的18世纪建筑》[*Eighteenth Century Architecture in Piedmont*]（纽约和伦敦，1967）

里克沃特，J.[Rykwert，J.]《第一批现代人：18世纪的建筑师》[*The First Moderns: the Architects of the Eighteenth Century*]（美国马萨诸塞州坎布里奇市[Cambridge Mass.]和伦敦，1980）

萨默森，J.[Summerson，J.]《英国建筑：1530—1830年》[*Architecture in Britain: 1530-1830*]（哈芒斯沃斯，1953；第7版。1983）

萨默森，J.[Summerson，J.]《乔治王朝时代的伦敦》[*Georgian London*]（伦敦，1945；第4版，1978）

汤普森，J.D.[Thompson，J.D.]和戈尔丁，G.[Goldin，G.]《医院，一部社会与建筑史》[*The Hospital，a Social and Architectural History*]（纽约和伦敦，1975）
蒂德沃斯，S.[Tidworth，S.]《剧院：一部插图史》[*Theatres: an Illustrated History*]（伦敦，1973）
威特科尔，R.[Wittkower，R.]《1600—1750 年意大利艺术与建筑》[*Art and Architecture in Italy，1600-1750*]（哈芒斯沃斯，1958；第 2 版，1965）
威特科尔，R.[Wittkower，R.]《意大利巴洛克风格研究》[*Studies in Italian Baroque*]（伦敦和纽约，1975）
韦西，H.E.[Wethey，H.E.]《秘鲁殖民时期的建筑和雕塑》[*Colonial Architecture and Sculpture in Peru*]（哈佛，1949）

建筑师

博尔顿，A.T.[Bolton，A.T.]《罗伯特・亚当和詹姆斯・亚当的建筑》[*The Architecture of R. And J. Adam*]（第 2 卷，伦敦，1922）
布罗因费尔斯，W.[Braunfels，W.]《弗朗索瓦・德・居维利埃》[*François de Cuvilliés*]（维尔茨堡[Würzburg]，1938）
戴尔，A.[Dale，A.]《詹姆斯・怀亚特》[*James Wyatt*]（牛津，1956）
唐斯，K.[Downes，K.]《霍克斯莫尔》[Hawksmoor]（伦敦，1959）
杜普雷，P. de la R.[Du Prey，P. de la R.]《约翰・索恩：建筑师的造就》[*John Soane: the Making of an Architect*]（芝加哥[Chicago]，1982）
费凯拉，F.[Fichera，F.]《路易吉・万维泰利》[*Luigi Vanvitelli*]（罗马，1937）
弗莱明，J.[Fleming，J.]《罗伯特・亚当和他的圈子》[*Robert Adam and his Circle*]（伦敦，1962）
弗朗茨，H.G.[Franz，H.G.]《丁岑霍费的教堂》[*Die Kirchenbauten des Dientzenhofer*]（布尔诺[Brno]，1941）
弗雷登，M.H. von[Freeden，M.H. von]《巴尔塔萨・纽曼》[*Balthasar Neumann*]（慕尼黑，1953）
弗里德曼，T.[Friedman，T.]《詹姆斯・吉布斯》[*James Gibbs*]（纽黑文市和伦敦，1984）
格里姆斯考科兹，B.[Grimschitz，B.]《约翰・卢卡斯・冯・希尔德布兰特》[*Johann Lucas von Hildebrandt*]（维也纳和慕尼黑，1932）
吉尼斯，D.[Guinness，D.]和扎德勒，J.T.[Sadler，J.T.]《杰斐逊先生，建筑师》[*Mr. Jefferson，Architect*]（纽约，1973）
哈姆林，T.B.H.[Hamlin，T.B.H.]《拉特罗布》[Latrobe]（牛津，1955）
哈里斯，J.[Harris，J.]《威廉・钱伯斯爵士》[*Sir William Chambers*]（伦敦，1970）
何克曼，H.[Heckmann，H.]《丹尼尔・波贝曼；生活和工作》[*Daniel Pöppelmann; Leben und Werk*]（柏林，1972）
赫尔曼，W.[Herrmann，W.]《劳吉埃和 18 世纪法国理论》[*Laugier and 18th century*

French Theory]（伦敦，1973）
金伯尔，F.[Kimball，F.]《托马斯·杰斐逊，建筑师》[*Thomas Jefferson*，*Architect*]（纽约，1968）
拉登多夫，H.[Ladendorf，H.]《安德烈亚斯·施吕特尔》[*Andreas Schlüter*]（柏林，1937）
马里昂内乌，C.[Marionneau，C.]《维克多·路易斯，波尔多大剧院的设计师》[*Victor Louis*，*Architecte du Théâtre de Bordeaux*]（波尔多，1881）
蒙瓦利，J.[Monval，J.]《苏夫洛》[*Soufflot*]（巴黎，1918）
奥托，C.F.[Otto，C.F.]《空间化为光：巴尔塔萨·纽曼的教堂》[*Space into Light: the Churches of B. Neumann*]（纽约，1979）
拉瓦尔，M.[Raval，M.]和莫罗，J.C.[Moreau，J.C.]《勒杜》[*Ledoux*]（巴黎，1945；第2版，1956）
罗伊特，H.[Reuther，H.]《主要的巴洛克风格建设者巴尔塔萨·纽曼》[*Balthasar Neumann*，*der Mainfrankische Barockbaumeister*]（慕尼黑，1983）
罗瑟诺，H.[Rosenau，H.]《布雷和远见卓识的建筑》[*Boullée and Visionary Architecture*]（伦敦和纽约，1976）
洛蒂里，M.[Rotili，M.]《路易吉·万维泰利传》[*Vita di Luigi Vanvitelli*]（那不勒斯，1975）
塞德迈尔，H.[Sedlmayer，H.]《约翰·伯恩纳德·菲舍尔·冯·埃尔拉赫》[*Johann Bernard Fischer von Erlach*]（维也纳和慕尼黑，1956）
史特汉恩，A.[Streichhan，A.]《克诺伯斯多夫和弗雷德里克的洛可可风格》[*Knobelsdorff und das Friderizianische Rokoko*]（柏林，1932）
斯特劳德，D.[Stroud，D.]《大能者布朗》[*Capability Brown*]（伦敦，1950）
斯特劳德，D.[Stroud，D.]《乔治·丹斯》[*George Dance*]（伦敦，1971）
斯特劳德，D.[Stroud，D.]《约翰·索恩爵士，建筑师》[*Sir John Soane*，*Architect*]（伦敦，1984）
斯塔奇伯里，H.E.[Stutchbury，H.E.]《科伦·坎贝尔的建筑》[*The Architecture of Colen Campbell*]（曼彻斯特[Manchester]，1967）
泰德格，C.[Tadgell，C.]《昂热·雅克·加布里埃尔》[*Ange Jacques Gabriel*]（伦敦，1978）
沃斯，K.[Voss，K.]《建筑师尼古拉·伊格维》[*Arkitekten Nikolai Eigtved*]（哥本哈根，1971）
威尔顿-伊利，J.[Wilton-Ely，J.]《乔瓦尼·巴蒂斯塔·皮拉内西的思想与艺术》[*The Mind and Art of G. B.Piranesi*]（伦敦，1978）
惠斯勒，L.[Whistler，L.]《约翰·范布勒爵士，建筑师与剧作家》[*Sir John Vanbrugh*，*Architect and Dramatist*]（伦敦，1938）

图片来源

Aerofilms 171; Alinari-Anderson 1; Archives Photographiques, Paris 61, 96; B. T. Batsford Ltd 146; Bildarchiv Foto Marburg 12, 23, 25, 42, 49, 52, 55; Bulloz 6, 60, 97; Yvan Butler, Geneva 68; Copyright Country Life 20, 82, 98; Danish Tourist Board 168; Dresden: Deutsche Fotothek 17, 79, 80; Staatliche Kunstsammlungen 17; German National Tourist Office 133; Giraudon 63, 92, 94, 107, 163; Gloucestershire Record Office 148; Graziano Gasparini 72; Pilot-Photographer R. Henrard 166; Peter Hayden 27, 28; Hirmer Fotoarchiv Munich 33, 46, 54; Martin Hürlimann 29, 110; Karlsruhe: Bildstelle der Stadt 162; A. F. Kersting 5, 21, 58, 67, 73, 74, 77, 78, 88, 91, 100, 129, 131; Emily Lane 41, 59; London: The Governor and Company of the Bank of England 152; British Architectural Library, RIBA 132, 145; British Library 89, 101, 102, 164; British Museum 170; Department of the Environment 90; Guildhall Library 153; By courtesy of Trustees of the Sir John Soane's Museum 125, 149, 154, 155, 156; Thomas Coram Foundation for Children 141; Mansell-Alinari 136, 158; Mansell-Anderson 2, 3, 56; Mansell Collection 106, 157; Mas 65, 66; Maryland Historical Society 113; Georgina Masson 9, 30, 31; Milan: Museo Teatrale alla Scala 119; Tony Morrison South American Pictures 69; Paris: Bibliothèque Nationale 7, 93, 150; Musée Carnavalet 123; Alexandr Paul 39; G. Rampazzi 57; Royal Commission on Historical Monuments (England) 75, 138, 143; Sandak 112, 113; Helga Schmidt-Glassner 15, 48, 70, 71, 114, 115, 116, 118, 120, 121, 122, 126, 128, 130; Toni Schneiders 16, 19, 34, 43, 45, 47, 127; Otto Siegner 169; Edwin Smith 4, 18, 22, 24, 26, 103, 105, 108; Stockholm: Nationalmuseum 117; Rådhus 14; Stadsmuseum 14; Vienna: Kunsthistorisches Museum 10; Roger-Viollet 135; Virginia State Library 147; John Webb 99.

索引

此处页码系原文页码，其中斜体页码指图版所在页码。——译者注